高等学校教材

ArcGIS地理信息系统
分析与应用

晁　怡　郑贵洲　杨　乃　编著

电子工业出版社
Publishing House of Electronics Industry
北京 · BEIJING

内 容 简 介

本书简要介绍了地理信息系统软件 ArcGIS 的发展变革,针对 ArcGIS 10.3 的基本组成及几个重要模块的主要功能和应用范围进行了介绍。以 GIS 数据输入及处理、栅格编辑、地理配准、投影转换、拓扑查错、栅格计算、重分类、距离分析、密度分析、缓冲区分析、叠加分析、网络分析等为例介绍了基本的操作和应用方法。在此基础上,以土地利用、灾害评估、洪水淹没、农田保护、土壤分析、粮食估产、资源配置、设施选址、矿产预测为例,介绍了地理信息系统在这些领域的综合应用。

本书注重理论与实践、软件与工程、教学与科研、项目与应用、基础与综合等方面的结合,融入了大量生产与科研成果,以及工程项目应用案例。

本书可作为地理信息科学、遥感科学与技术、测绘工程、地质学、管理学、环境科学等专业本科生和研究生的教材,也可供地质矿产、国土资源、地理测绘、市政工程、城乡规划、交通旅游、水利水电、环境科学、灾害评估、作战指挥等领域的研究人员使用。

图书在版编目(CIP)数据

ArcGIS 地理信息系统分析与应用 / 晁怡,郑贵洲,杨乃编著. —北京:电子工业出版社,2018.6
高等学校教材
ISBN 978-7-121-34213-4

Ⅰ. ①A…　Ⅱ. ①晁…　②郑…　③杨…　Ⅲ. ①地理信息系统－应用软件－高等学校－教材　Ⅳ. ①P208

中国版本图书馆 CIP 数据核字(2018)第 099221 号

策划编辑:冉　哲
责任编辑:底　波
印　　刷:北京捷迅佳彩印刷有限公司
装　　订:北京捷迅佳彩印刷有限公司
出版发行:电子工业出版社
　　　　　北京市海淀区万寿路 173 信箱　邮编 100036
开　　本:787×1 092　1/16　印张:17.25　字数:441.6 千字
版　　次:2018 年 6 月第 1 版
印　　次:2025 年 1 月第 9 次印刷
定　　价:49.90 元

凡所购买电子工业出版社图书有缺损问题,请向购买书店调换。若书店售缺,请与本社发行部联系,联系及邮购电话:(010)88254888,88258888。

质量投诉请发邮件至 zlts@phei.com.cn,盗版侵权举报请发邮件至 dbqq@phei.com.cn。

本书咨询联系方式:ran@phei.com.cn。

前　　言

随着地理信息科学的发展，地理信息系统（Geographic Information System，GIS）也在资源管理、测绘地理、城乡规划、市政工程、灾害监测、国防建设、警务安防、交通指挥、道路导航、医疗卫生、农业生产、环境保护、宏观决策等领域被广泛应用。各大高校的测绘、遥感、地理、地质、环境、管理等相关专业已将 GIS 设置为必修或选修课程。

作为一门实践性很强的课程，GIS 的实践教学一直备受重视。中国地质大学（武汉）的"地理信息系统"课程已经开设了近 20 年，按照教学大纲和教学计划的要求，实践课时占相当大的比例。作者通过对多年教学经验进行总结，已出版图书《地理信息系统分析与应用》和《地理信息系统分析与实践教程》，分别对 ArcView、ArcGIS 9.3、MapGIS 6.7 和 MapGIS K9 的操作进行了介绍。近几年，ArcGIS 发展迅速，版本更新较快，有的模块和操作变化较大，原有教材中关于 ArcGIS 的介绍和说明已经不能满足实践教学的需要，因此，在原教材的基础上，本书以 ArcGIS 10.3 为平台，不仅更新了原教材部分操作说明，还针对实践教学过程中发现的不足，添加了 ArcGIS 地质应用的案例，以及空间统计和空间分析建模的内容。

全书共分 10 章，第 1 章简要介绍 ArcGIS 的发展沿革，并对 ArcGIS 10.3 的核心产品 ArcMap、ArcCatalog、ArcToolbox、ArcScene 等进行介绍；第 2 章～第 6 章对包括数据输入、处理、管理、分析、显示等的 GIS 基本操作进行介绍；第 7 章对 GIS 软件中建立数字高程模型和对数字高程模型分析做了介绍；第 8 章在前几章的基础上，以项目应用为例，介绍 GIS 的综合应用；第 9 章针对数据挖掘的基础——空间统计分析进行介绍；第 10 章以 ModelBuilder 为例介绍在 ArcGIS 中进行空间分析建模的方法。本书正文中加粗的字表示对话框或工具、按钮名称，斜体字表示菜单名。

在本书的编写过程中，作者结合了多年教学、科研经验和应用案例，注重理论与实践结合、软件与工程结合、教学与科研结合、项目与应用结合、基础与综合结合，将生产与科研成果、工程项目应用案例、ArcGIS 开发技术融入教材编写过程中，力图使本书突出以下特点。

一是循序渐进。在介绍基本操作的基础上，再结合实际应用案例介绍 ArcGIS 10.3 的综合应用。通过综合应用案例的实践，使读者能够举一反三，在学习和行业应用中借鉴使用。

二是点拨启发。在本书中，对于一些操作技巧和注意事项，以 Tips 的方式进行提示，同时，对于一些有价值的问题，提出思考问题，希望引发读者的深入思考，将理论应用到实践，使学习更加深入。

三是联想关联。在 ArcGIS 中，可以通过不同的操作过程实现相同的目的。对于这种情况，本书或者给出操作步骤，或者给出在本书中的参考操作位置，以方便读者查阅、对比。

四是行业应用。基于本书作者的科研背景，给出了市面上大多数 ArcGIS 实践教学书中都没有涉及的地质领域的应用，拓展了 ArcGIS 的应用案例。

本书主要由晁怡和郑贵洲策划并组织编写，参加编写的人员还有杨乃、彭俊芳。研究生王晓慧和林青对本书的部分实践案例进行了验证，对部分文本进行了校对。本书从 2015 年开始着手编写，书中的案例先后在 ArcGIS 10.0，ArcGIS 10.1，ArcGIS 10.2 中进行了验证，直至最终完成时以 ArcGIS 10.3 为平台。虽然本书在编写中经过了多个版本的改动，但在逐年的修改和学生实践课程的应用过程中，作者也在不断优化本书的编排和案例描述，希望本书能更好地为读者服务。在此也对参与本书案例实现和操作验证的所有学生表示感谢。

本书在编写和出版过程中受到以下项目的资助：中国地质大学（武汉）实验技术研究项目，中央高校教改基金本科教学质量工程项目——地理信息科学专业校企示范实习基地及实践模式构建（ZL201616），中国地质大学（武汉）研究生教育教学改革项目——依托国家 GIS 工程中心学术型研究生科研创新能力培养（YJG2017215），中国地质大学（武汉）研究生院 A 类实践基地建设项目（YJD2018701），湖北省教学研究项目——依托国家 GIS 工程中心地理信息科学专业立体式创新实践平台与体系构建（2015155）。

虽然本书编写的时间较长，也经过了几轮的检校，但百密一疏，再加上作者水平有限，书中难免有不妥之处，盼广大读者批评指正，以便进一步完善本书内容。

如需本书配套实验数据，可以发邮件联系作者 cuggis@163.com 或编辑 ran@phei.com.cn。

编著者

目　录

第 1 章   ArcGIS 介绍

1.1   ArcGIS 总览

ArcGIS 是 ESRI（美国环境系统研究所）开发的一款 GIS 基础软件。从 1982 年 ESRI 发布了第一个产品 ARC/INFO 1.0 开始，不断完善、创新，于 2016 年年底发布了 ArcGIS 10.5。图 1.1.1 展示了 ArcGIS 的发展历程。

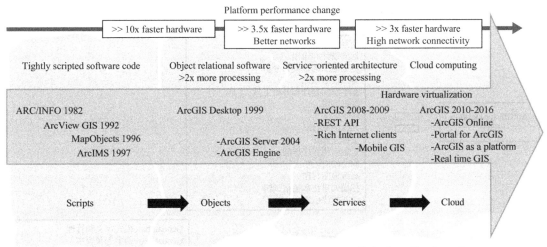

图 1.1.1   ArcGIS 的发展历程（http://zhihu.esrichina.com.cn/article/2770）

- 1982 年 6 月发布第一个版本 ARC/INFO1.0，这是世界上第一代现代意义上的 GIS 软件。
- 1986 年发布 ARC/INFO，这是为基于 PC 的 GIS 工作站设计的。
- 1992 年发布 ArcView，这是一个简单易用的桌面制图软件。
- 1999 年发布 ArcGIS 8 系列产品，包括 ArcInfo 和 ArcIMS，是当时第一个可以用于浏览器的 GIS 软件。
- 2004 年发布 ArcGIS 9 系列软件，提供了完整的从桌面端到服务器端的 GIS 软件产品。
- 2010 年发布 ArcGIS 10 系列产品，这是全球首款支持云架构的 GIS 平台。

2014 年年底，ESRI 公司发布了 ArcGIS 10.3，为单用户或多用户在桌面、服务器、Web 和野外移动设备上使用 GIS 提供的一个完整、可伸缩的框架。ArcGIS 是一套 GIS 软件产品的系列，这些产品构成了一个从桌面到服务器、移动端，从空间数据浏览、编辑到分析、建模，从工具软件到开发包的完整的 GIS 平台。ArcGIS 10.3 将资源和功能进一步整合，使得 GIS 服务的提供者以 Web 的方式提供资源和功能，而用户则采用多种终端随时随地访问这些资源和功能，GIS 平台变得更加简单易用、开放和整合。

ArcGIS 10.3 的核心产品是 ArcGIS for Desktop，ArcGIS Online，ArcGIS for Server。本书以 ArcGIS for Desktop 10.3（后面简称 Desktop）为例介绍 ArcGIS 软件的操作及解决空间相关

问题的思路。

Desktop 是为 GIS 专业人士提供的用于信息制作和使用的工具，利用它可以实现大多数从简单到复杂的 GIS 任务。其主要功能包括：高级的地理分析和处理、编辑工具、地图生产，以及数据和地图分享。

Desktop 根据用户的伸缩性需求，可作为 3 个独立的软件产品进行购买：基础版、标准版和高级版，每个产品提供不同层次的功能水平，如图 1.1.2 所示。基础版提供了综合性的数据使用、制图、分析及简单的数据编辑和空间处理工具。标准版在基础版的基础上增加了对 Shapefile 和 Geodatabase 的高级编辑和管理功能。高级版在标准版的基础上，扩展了复杂的 GIS 分析功能和丰富的空间处理工具，包含了数以百计的空间分析工具，可以进行密度计算、距离计算、叠加分析、缓冲区分析、邻近分析、网络分析及统计分析等空间分析。Desktop 支持 130 余种数据格式的读取、80 余种数据格式的转换，还提供了一系列工具用于几何数据、属性表、元数据的管理、创建及组织。

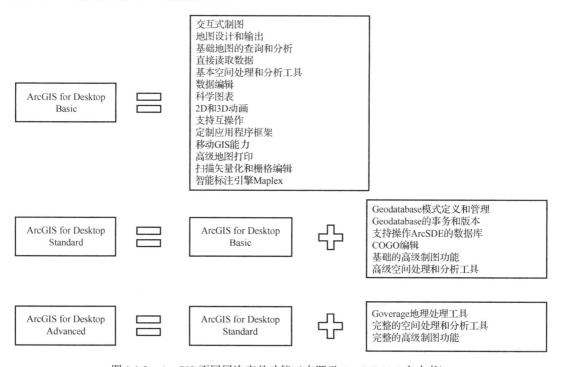

图 1.1.2　ArcGIS 不同层次产品功能（来源于 ArcGIS 10.3 白皮书）

对于用户的个性化需求，ArcGIS 让用户可以使用 Python、.NET、Java 等语言通过 Add-in 或调用 ArcObjects 组件库的方式来添加和移除按钮、菜单项、停靠工具栏等定制用户界面，或者使用 ArcGIS Runtime 或 ArcGIS Engine 开发定制 GIS 桌面应用。

Desktop 包含一套带有用户界面的 Windows 桌面应用：ArcMap，ArcCatalog、ArcGlobe、ArcScene、ArcToolbox 和 Modelbuilder。每一个应用都具有丰富的 GIS 工具。本书中的案例主要基于这几个应用展开。

1.2　ArcMap

ArcMap 是 ArcGIS for Desktop 中一个主要的应用程序，启动界面如图 1.2.1 所示。ArcMap

承担所有制图和编辑任务，也包括基于地图的查询和分析功能。对于 ArcGIS 桌面来说，地图设计是依靠 ArcMap 完成的。

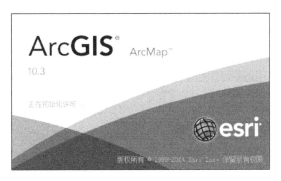

图 1.2.1 ArcMap 启动界面

ArcMap 启动后的界面布局如图 1.2.2 所示，上部是菜单和工具栏，显示 ArcMap 主菜单和加载的工具条，包括扩展工具条。左侧是内容列表，显示加载的数据图层，帮助用户组织和控制数据框中的 GIS 数据图层。右侧大区域是数据框，用于显示 GIS 地理数据或地图布局。数据框下方是状态栏，用于显示鼠标在数据窗口中的坐标及地理处理情况。

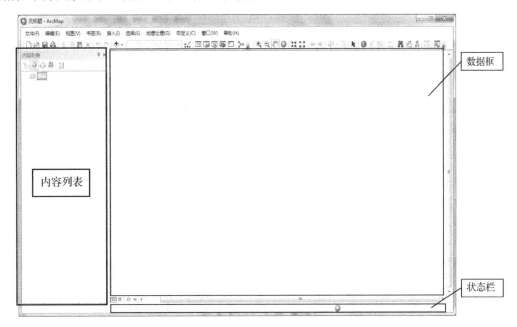

图 1.2.2 ArcMap 的界面布局

ArcMap 提供两种类型的地图视图：地理数据视图和地图布局视图。在地理数据视图中，用户可以对 GIS 数据集进行符号化显示、分析和编辑。在地图布局视图中，用户可以设计和处理地图页面，包括地理数据视图和比例尺、图例、指北针、地理参考等地图元素。

图 1.2.3 是 ArcMap 的数据视图，在内容列表中显示了当前添加的 3 个数据图层：Roads、Tracts 和 Park_boundary，以及地理数据库的存储位置和名称：E:\arcgis\ArcTutor\Editing 文件夹下的 Zion 地理数据库。数据图层显示在数据框中。在状态栏的右侧显示了当前鼠标位置的空间坐标。状态栏上方滑动条左侧的 4 个按钮分别是数据视图、布局视图的切换按钮，以及

刷新按钮和暂停绘制按钮。

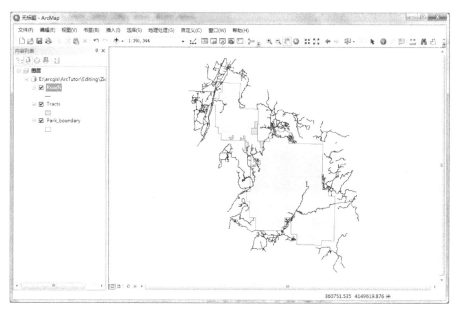

图 1.2.3　ArcMap 的数据视图

　　单击布局视图按钮，数据框将切换到地图布局视图，系统同时自动加载布局工具条，如图 1.2.4 所示。数据框显示的是地图布局视图，同时可以通过单击主菜单中的插入菜单项添加地图的标题、图例、指北针、比例尺等地图元素。当鼠标位于布局视图中的数据框时，状态栏中显示两组坐标，左边的坐标为鼠标当前位置在数据视图中的坐标，右边的坐标为鼠标当前位置在地图布局视图中的坐标。

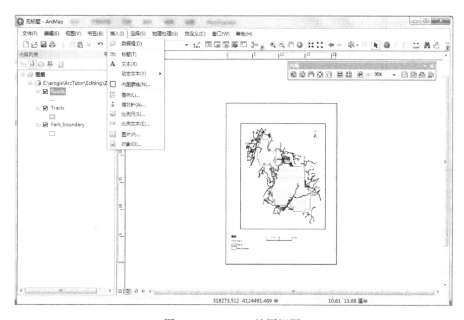

图 1.2.4　ArcMap 地图视图

1.3 ArcCatalog

ArcCatalog 应用程序为 Desktop 提供了一个类似资源管理器的目录窗口，帮助用户组织和管理各类 GIS 数据，如地图、数据文件、Geodatabase、地理处理工具箱、模型和 Python 脚本、元数据、服务等。数据与信息不仅可以保存在本地硬盘，也可以保存在网络数据库或 ArcIMS Internet 服务器上。图 1.3.1 所示为 ArcCatalog 启动界面。

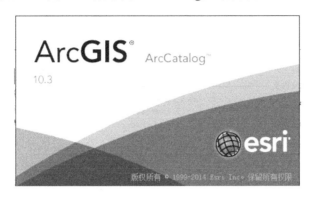

图 1.3.1　ArcCatalog 启动界面

ArcCatalog 能够识别 Coverage、ESRI Shapefiles、Geodatabases、INFO 表、图像、GRID、TIN、CAD 文件、地址表、动态分段事件表等多种数据类型和文件，每一种数据集都用一个唯一的图标来表示。ArcCatalog 将这些内容组织到树视图中，用户可以使用树视图来组织 GIS 数据集和 ArcGIS 文档，搜索和查找信息项及管理信息项。

ArcCatalog 的主界面如图 1.3.2 所示，上部为主菜单和工具条，下部左侧为目录树，用于显示不同类型数据的存储位置，以及进行数据的创建、移动、连接文件夹、复制、导入、导出等基本操作。下部右侧有 3 个标签页：内容标签页、预览标签页和描述标签页。用户可以在内容标签页中查看在目录树中选中数据的内容、名称等的详细内容表；在预览标签页中可以查看所选数据的地理视图或属性表；在描述标签页中可以查看所选数据的摘要、描述、制作者名单、使用限制、范围、比例范围等元数据信息。

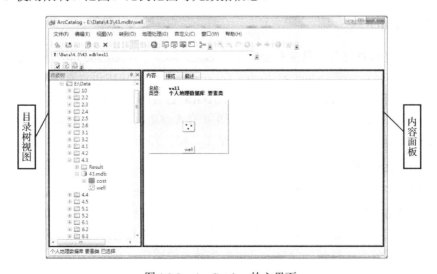

图 1.3.2　ArcCatalog 的主界面

ArcCatalog 可以创建和管理个人地理数据库、文件地理数据库和外部商业数据库的连接。个人地理数据库是基于 Microsoft Access 的，具有 2GB 的存储限制；文件地理数据库与个人地理数据库在显示、查询、编辑、处理数据等操作方式是相同的，不同的是文件地理数据库对于存储容量的限制只决定于硬盘的大小；外部商业数据库连接可以让 ArcGIS 操作和管理存储于商业关系数据库产品，如 Oracle、SQL Server 等商业数据库中的数据。

ArcCatalog 可以管理多种类型的数据，每种数据在 ArcCatalog 中以不同的图标表示，如图 1.3.3 所示。

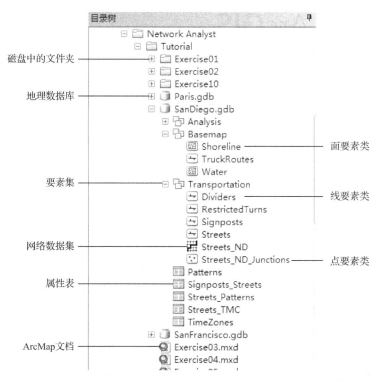

图 1.3.3 ArcCatalog 中不同数据类型的图标

1.4 ArcToolbox

ArcToolbox 是地理处理工具的集合。在 ArcGIS 10.3 中，ArcToolbox 是内嵌在其他软件模块中的，如 ArcMap、ArcCatalog、ArcScene 等。在这些软件模块中可以直接启动 ArcToolbox，并使用其功能。基础版、标准版和高级版的 ArcGIS 包含的工具数量不同，高级版包含的工具数量最多，标准版次之，基础版最少。在高级版的 ArcGIS 中，ArcToolbox 包含 3D Analyst、Geostatistical Analyst、Network Analyst 等 18 个工具箱，共 800 余个工具，如图 1.4.1 所示。

1. 3D Analyst 工具

这是一个用于三维分析的工具箱，包括 3D 要素、CityEngine、功能性表面、可见性、数据管理、栅格插值、栅格表面、栅格计算、栅格重分类、表面三角化和转换等工具集。利用这些工具集中的工具可以创建、修改 TIN 或栅格表面，可以进行三维数据的编辑和查询、表面分析、三维要素分析、可视性分析、三维数据转换等操作。

图 1.4.1　高级版 ArcGIS 中的 ArcToolbox 工具箱

2. Data Interoperability 工具

这是一个数据互操作的工具箱，利用该工具箱里的工具可以直接读取和访问几十种空间数据格式，包括 GML、DWG/DXF 文件、Microstation Design 文件、MapInfo MID/MIF 文件和 TAB 文件类型等。用户可以通过拖放方式让这些数据和其他数据源在 ArcGIS 中直接用于制图、空间处理、元数据管理和 3D globe 制作。

需要说明的是，ArcGIS 10.3 的默认安装方式是不安装这个工具箱的，需要从安装盘单独安装。

3. Geostatistical Analyst 工具

这是一个用于地统计分析的工具箱，包括使用地统计图层、工具、插值分析、模拟和采样网络设计工具集。利用 Geostatistical Analyst 工具箱可以通过存储于点要素图层、栅格图层或多边形质心的测量值创建连续表面或地图。采样点可以是高程、地下水位深度或污染等级等测量值。通过与 ArcMap 结合使用，创建可用于显示、分析和了解空间现象的表面。

4. Network Analyst 工具

这是一个用于网络数据集维护和网络分析的工具箱，包括分析、服务器、网络数据集和转弯要素类等工具集。使用此工具箱中的工具可以对各种用于构建交通网模型的网络数据集进行维护，还可以基于交通网络数据进行路径、最近设施点、服务区、起始-目的地成本矩阵、车辆配送和位置分配等的分析。

5. Schematics 工具

这是一个用来执行最基本的逻辑示意图操作的工具箱。逻辑示意图是网络的简化表示，目的是体现自身结构和理解其运行方式。使用此工具箱中的工具，可以创建、更新和导出逻辑示意图或创建逻辑示意图文件夹。

6. Spatial Analyst 工具

这是一个为栅格数据和矢量要素数据提供空间分析和建模的工具箱，包含分段和分类、区域分析、叠加分析、地下水分析等21个工具集，共140多个工具，用于执行计算、重分类、叠加分析、密度分析等多种空间分析和建模。

7. Tracking Analyst 工具

这是一个对时态数据进行编辑和分析的工具箱。可用于创建时态数据，对包含时态数据的要素类或图层创建追踪图层，对轨迹进行追踪分析。

8. 编辑工具

这是一个对矢量要素类中的要素进行批量编辑的工具箱。利用这些工具可以批量解决如面边界未闭合、不及线和过头线等数据质量问题，以及折点密度、合并和其他数据问题。

9. 地理编码工具

这是一个将描述性位置转换为坐标位置的工具箱，即将地址中的文字描述性位置要素与参考材料中的现有位置要素进行比较，从而为地址指定一个空间位置。利用这些工具可以创建、复合、重构建地址定位器，进行地址匹配等操作。

10. 多维工具

这是一个作用于 NetCDF 数据的工具箱。NetCDF 指网络公用数据格式，是一种用来存储温度、湿度、气压、风速和风向等多维科学数据的文件格式。利用多维工具箱中的工具可以对 NetCDF 数据和栅格、矢量要素或表进行相互转换，以及选择 NetCDF 图层或表的维度。

11. 分析工具

这是一个提供大量常用基础 GIS 操作，解决空间问题或统计问题的工具箱，包含叠加分析、提取分析、统计分析和邻域分析等工具集。利用这些工具可以执行叠加、创建缓冲区、计算统计数据、执行邻域分析及更多操作。

12. 服务器工具

这是一个用于管理 ArcGIS Server 地图和 globe 缓存的工具箱，包含发布、打印、数据提取和缓存等工具集。利用这些工具可以发布 GIS 资源，生成 Web 打印地图，以 ArcGIS Server 地理处理服务形式执行高级裁剪、压缩和发送任务，以及创建和管理辅助地图、影像和 globe 服务的缓存。

13. 空间时间模式挖掘工具

这是一个在空间和时间环境中分析数据分布和模式的统计工具箱。利用该工具箱的工具可以获取点数据集来构建用于分析的多维立方体数据，并标识随时间发展的热点和冷点趋势。

14. 空间统计工具

这是一个用于分析空间分布、模式、过程和关系的统计工具箱，包含分析模式、工具、度量地理分布、渲染、空间关系建模和聚类分布制图等工具集。可以利用这些工具对空间分布的显著特征进行汇总、识别具有统计显著性的空间聚类或空间异常值、评估聚类或离散的总体模式、根据属性相似性对要素进行分组、确定合适的分析尺度及探究空间关系。

15．数据管理工具

这是一个对要素类、数据集、图层和栅格数据结构进行开发、管理和维护的工具箱，包含 LAS 数据集、关系类、几何网络等 30 个工具集，近 300 个工具。利用这些工具可以对数据的基本结构，如字段和工作空间，以及拓扑和版本进行编辑和管理。

16．线性参考工具

这是一个用于创建、校准和显示线性参考所用数据的工具箱。利用这些工具可以创建、显示、查询、编辑和分析线性参考数据。

17．制图工具

这是一个生成并优化数据以支持地图创建的工具箱，包含制图优化、制图综合、制图表达管理、图形冲突、掩膜工具、数据驱动页面、格网和经纬网、注记等工具集。利用这些工具可以对制图符号进行调整和排列，创建掩膜增强制图显示、创建和准备要在数据驱动页面中使用的索引图层、管理和维护格网与经纬网等。

18．转换工具

这是一个实现数据格式相互转换的工具箱，包含 Excel、JSON、PDF 等 16 个工具集。利用这些工具能够实现 Excel 表、JSON、PDF、GPS、KML、WFS、CAD、Collada、Coverage、dBASE、Shapefile、栅格格式、要素类等的相互转换。

19．宗地结构工具

这是一个用于处理宗地结构内部要素类和表的工具箱，包含图层和表视图、宗地要素、数据迁移等工具集。利用这些工具可以将数据迁移到宗地结构中，升级现有宗地结构、复制和追加宗地结构，以及为宗地结构创建图层和表视图。

1.5　ArcScene

ArcScene 是 ArcGIS 桌面系统中实现 3D 可视化和 3D 空间分析的应用程序，需要结合 3D 分析扩展模块使用。ArcScene 是一个适合于展示三维透视场景的平台，可以在三维场景中漫游并与三维矢量与栅格数据进行交互，适用于小场景的 3D 分析和显示。显示场景时，ArcScene 会将所有数据加载到场景中，矢量数据以矢量形式显示。图 1.5.1 所示为 ArcScene 启动界面。

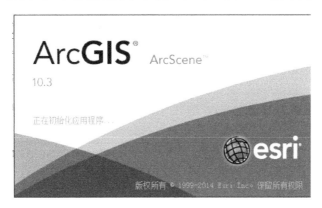

图 1.5.1　ArcScene 启动界面

ArcScene 交互式地理信息视图使 GIS 用户整合并使用不同 GIS 数据的能力得到提高，在三维场景下可以直接进行三维数据的创建、编辑、管理和分析。在 ArcGIS 10.3 中，新增了对 Lidar LAS 数据的原生支持，新增 LAS dataset 来统一管理 LAS 文件，可以直接在 ArcScene 中加载、管理、分析和分享 Lidar LAS 数据。

1.6　本章小结

本章对 ArcGIS 的发展历史、ArcGIS 10.3 的架构、主要应用进行了介绍，帮助读者在开始使用 ArcGIS 前对其有一个全局性的了解。

说明：因为本节所使用的数据没有定义空间参考，所以坐标系和单位都没有。

第 2 章　GIS 数据输入

GIS 的数据一般来源于野外实测、地图数字化、遥感影像或其他格式的数字数据。可以通过多种方式进行 GIS 数据的输入，如通过键盘输入空间实体的坐标和属性、通过扫描仪、数字化仪将纸质地图数字化的数据输入、通过数据格式转换将其他格式的数据转换为本地 GIS 软件可以接受的格式等。GIS 数据输入的目的就是将这些不同来源的数据变为当前 GIS 软件可以接受并进行显示、编辑、管理的数据。本章将对 ArcGIS 的几种数据输入方式进行介绍。

2.1　输入简介

在利用 ArcGIS 进行矢量数据管理时一般都会根据应用的需要按照不同的主题将地图分层，即要素类。要素类是在一定空间范围内数据类型一致、特征相同的地理实体在空间分布上的集合。每类特征数据都可以单独组成一个要素类，也可以合并相同数据类型的要素类为一个新的要素类。例如，地形图中可以将河流设置为一个图层，将道路设置为一个图层，如果它们都是线类型的数据，在不考虑属性字段异构的情况下，也可以将将这两个图层合并成一个图层。通常 GIS 数据分层遵循以下原则。

1．差异性原则

根据信息类型或等级的差异性划分图层，尽量将不同类型、不同等级、不同性质、不同用途和不同几何特征或地理特征要素，归属不同的图层，使得每层上的信息尽可能单一。不同类型具有不同性质，性质用来划分要素的类型，说明要素是什么，如河流、公路、境界等；不同的用途决定了地图表示内容的不同，不同的内容必须用不同的图层表示，因此不同用途的地图其图层划分各不相同；要素的属性常常通过几何符号表示，几何特征不同导致形状差异，不同类的几何符号可划归为不同的图层，如境界线的符号为点画线，而道路符号为实线，从符号特征差异明显可划分为两个图层；符号的尺度用来反映要素的规模顺序，如道路的不同等级，可通过符号尺寸变化来区别；不同的色彩可用来表示不同的要素，如地形图，棕色表示等高线、冲沟等，钢灰色表示居民地、道路、境界、独立地物等，蓝色表示水系、河流、湖泊等，色彩是划分图层的一个重要指标。

2．逻辑性原则

根据图形信息内在的逻辑关系划分图层，尽量把相关密切的信息且具有相同逻辑内容和数据库结构的空间信息尽量放在一个相邻的图层上。在计算机迅速发展的今天，图形数据库的设计除了保证用户的功能要求、保证数据的一致性和正确性外，有利于系统编程和维护管理的数据逻辑关系结构是首要的。

3．整体性原则

分层时要考虑数据与数据之间的关系，考虑数据与功能之间的关系。把信息相关的要素作为统一整体存放在同一图层中。如果把原来具有空间关系的实体根据简单制图要求进行图层划分，必将加大存储量，甚至破坏了原有的空间关系，这会给空间分析带来困难，甚至无法建模。

4．多义性原则

一种要素既可以出现在一个图层中，也可以作为另一种特征出现在另一个图层中。例如，断层可以出现在断层线图层中，也可以作为地质体边界出现在地质界线图层中；房屋建筑和界址重合时，重合线具有双重含义，在房屋建筑层中仍要保持房屋建筑轮廓边界的完整性；道路和房屋建筑边界重合时，重合线同样具有双重含义，在道路的地物分层中仍要保持道路的完整性。在建立多源 GIS 数据集时，要保证不同图层的相同弧段具有相同的地理坐标是不容易的，但必须做到。多义性解决方法，除了采用相同的弧段复制到派生的图层解决方法外，在图层划分中比较好的方法就是采用主要图层，然后可通过空间运算产生次要图层。

5．一致性原则

为了方便使用，与其他信息系统或数据库兼容，在分层、图层命名、图层编码等诸多方面都必须采用国家标准和行业标准。为了便于图层与图层之间可以相互参照，便于图层间能够准确无误地叠加在一起，能够统一管理和操作，有利于今后的空间分析、查询与检索，图层间必须保证范围一致性、内容一致性、比例尺一致性、数据结构一致性、坐标一致性（坐标一致性包括地理坐标、网格坐标、投影坐标的统一）。

6．最优化原则

一般来说，空间数据库中图层及属性表越多，表达空间信息的内容也就越完全。原则上图层的数量是不受限制的，但由于存储空间的有限性，同时由于图层及属性表的增加，开发和维护空间数据库占用的资源就越多，开发空间数据库的工作量和人员要求也相应地快速增加。数据输入、屏幕管理界面及输出程序对于很多的图层表实体来说是一个负担。因此，分层时应顾及数据量的大小，尽量减少冗余数据。在具体分层过程中，粗分好，还是细分好，这仍是一个有争论的问题。必须根据应用上的要求，计算机硬件的存储量、处理速度及软件限制来决定。并不是图层分得越细越好，分得过细不便于操作人员记忆，不利于管理，不利于考虑要素间相互关系的处理，若要同时显示几个层，需要一次性对几个层操作，浪费时间，很不方便。反之分得过粗，减少了图层，一个图层要与许多属性表连接，且编辑时要素间互相干扰，不利于某些特殊要求的分析、查询。图层划分多少要在减少图层与减少冗余两者之间进行折中。

GIS 数据包括空间位置、空间关系和属性数据，其中空间关系数据通常是通过 GIS 软件的空间操作生成的，而不是直接输入的。在建设一个 GIS 应用系统时，大部分的数据输入工作是空间位置的输入，ArcGIS 提供多种方式的空间位置输入，如直接通过坐标值输入空间位置、通过记录坐标值的文件转换为要素类输入空间位置、利用编辑工具用鼠标在屏幕上采集点位输入空间位置、利用扩展模块 ArcScan 快速采集点位输入空间位置和利用数据格式转换采集空间位置数据等。

本书将空间位置输入的方式按照数据获取途径的不同划分为坐标点输入、屏幕矢量化和数据转换 3 类进行介绍。

2.2 坐标点输入

2.2.1 问题提出

GIS 坐标点数据可以通过键盘手工输入，也可以将测量仪器获取点位的数字坐标文件导入 GIS 中转换为点要素类。

2.2.2 手工输入坐标点

有时，少量的特殊点或补测的点可以通过键盘手工输入点的坐标或鼠标单击特定位置输入点的位置。

1. 连接数据库

连接数据目录下的名为 2.2 的文件夹。

Step1：打开 ArcCatalog。

Step2：单击主菜单条上的**连接到文件夹**图标 ，打开**连接到文件夹**对话框。

Step3：将文件夹定位至本节数据存放的位置 E:\Data\2.2，如图 2.2.1 所示。

Step4：单击**确定**按钮，完成连接文件夹。

2. 添加图层

Step1：打开 ArcMap。

Step2：单击主菜单条上的**添加数据**图标 ，打开**添加数据**对话框。

Step3：将**查找范围**定位至 E:\Data\2.2 文件夹下的名为 22 的地理数据库，如图 2.2.2 所示，将此数据库下的 InputPoints 和 roads 两个图层添加到图层列表中。

图 2.2.1 连接数据文件夹

图 2.2.2 添加数据

roads 图层是已有数据，InputPoints 图层是即将要添加点数据的图层。

Step4：单击**添加**按钮，完成图层数据添加。

3. 用鼠标添加点数据

为了保证数据的安全性，ArcGIS 不允许用户在未经确认的情况下编辑数据。因此，在添加、删除、移动等编辑操作前需要先将要素类设置为可编辑状态。

Step1：在 ArcMap 中右键单击内容列表中的 InputPoints 图层名，在弹出的菜单中依次单击"编辑要素→开始编辑"，将该图层设置为可编辑状态。

Step2：在地图中需要添加点的位置单击鼠标左键，即得到输入的点，如图 2.2.3 所示。

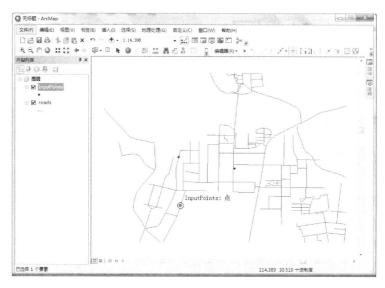

图 2.2.3　用鼠标单击添加点

Tips：*可以用相同的步骤输入线或多边形，前提条件是可编辑的图层是相应的线或多边形类型。*

4．键盘输入坐标添加点数据

如果已经知道要输入的点的坐标，如本例中为（114.399,30.524），可以通过键盘输入点坐标添加点数据。

Step1：在地图窗口内的任意位置单击鼠标右键，在弹出的菜单中单击"*绝对 X,Y(B)...*"，如图 2.2.4 所示。

Step2：在打开的**绝对 X，Y** 对话框中输入**经度 114.399**、**纬度 30.524**，如图 2.2.5 所示。

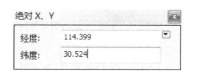

图 2.2.4　弹出的"*绝对X,Y(B)...*"菜单　　　　图 2.2.5　添加坐标

Step3：输入完毕，按键盘上的回车（Enter）键，该点就添加到数据库中并显示在地图上了。

思考：利用捕捉到要素可以怎样添加点？如果已知点的坐标为投影坐标，怎样添加点？

2.2.3 表格数据转换点要素

ArcGIS 可以将含有地理位置的表格数据以（x, y）坐标的形式添加到地图中，支持的表格数据格式有 txt、xlsx、csv 等。现以一个名为 coordinates.csv 的文件为例，将其记录的坐标点添加到地图窗口。

coordinates.csv 共有 7 列，如图 2.2.6 所示，其中 D 列和 E 列记录的是经度和纬度。在 ArcMap 和 ArcCatalog 中都可以将表格数据转换为点要素图层。

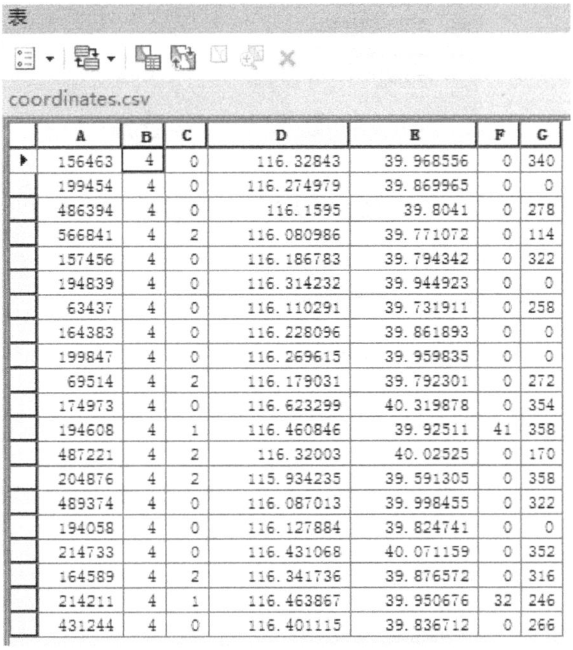

	A	B	C	D	E	F	G
▶	156463	4	0	116. 32843	39. 968556	0	340
	199454	4	0	116. 274979	39. 869965	0	0
	486394	4	0	116. 1595	39. 8041	0	278
	566841	4	2	116. 080986	39. 771072	0	114
	157456	4	0	116. 186783	39. 794342	0	322
	194839	4	0	116. 314232	39. 944923	0	0
	63437	4	0	116. 110291	39. 731911	0	258
	164383	4	0	116. 228096	39. 861893	0	0
	199847	4	0	116. 269615	39. 959835	0	0
	69514	4	2	116. 179031	39. 792301	0	272
	174973	4	0	116. 623299	40. 319878	0	354
	194608	4	1	116. 460846	39. 92511	41	358
	487221	4	2	116. 32003	40. 02525	0	170
	204876	4	2	115. 934235	39. 591305	0	358
	489374	4	0	116. 087013	39. 998455	0	322
	194058	4	0	116. 127884	39. 824741	0	0
	214733	4	0	116. 431068	40. 071159	0	352
	164589	4	2	116. 341736	39. 876572	0	316
	214211	4	1	116. 463867	39. 950676	32	246
	431244	4	0	116. 401115	39. 836712	0	266

图 2.2.6　coordinates.csv 文件

1．添加数据

在 ArcMap 中单击**添加数据**图标✛，将 E:\Data\2.2 文件夹中的 coordinates.csv 加入到图层列表中。

2．将表格文件中的坐标对显示在地图窗口中

Step1：右键单击内容列表中的 coordinates.csv 文件名，在弹出菜单中单击*显示XY 数据*，如图 2.2.7 所示。

Step2：在打开的**显示 XY 数据**对话框中将 X 字段设置为 D 列，Y 字段设置为 E 列，单击**确定**按钮，如图 2.2.8 所示。系统将生成的点数据自动命名为"coordinates.csv 个事件"图层，添加到图层列表中，如图 2.2.9 所示。

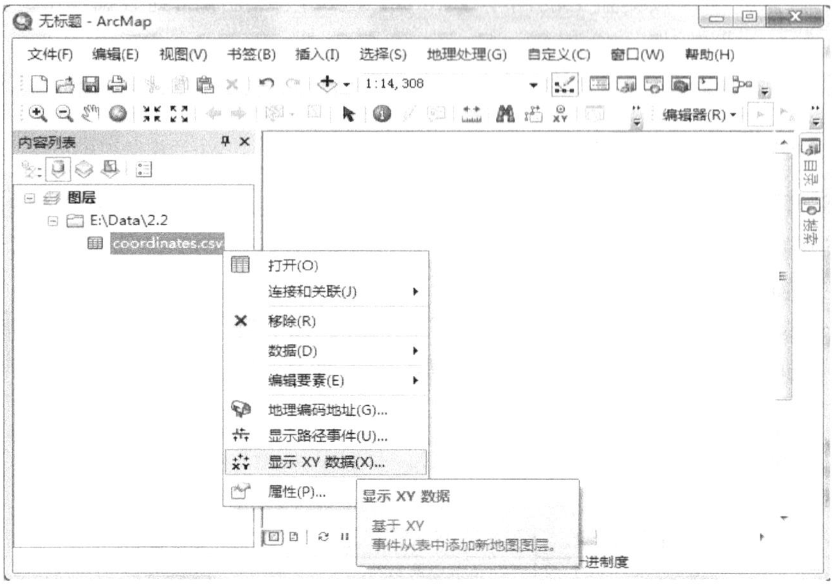

图 2.2.7　在 ArcMap 中从表格文件添加点数据（1）

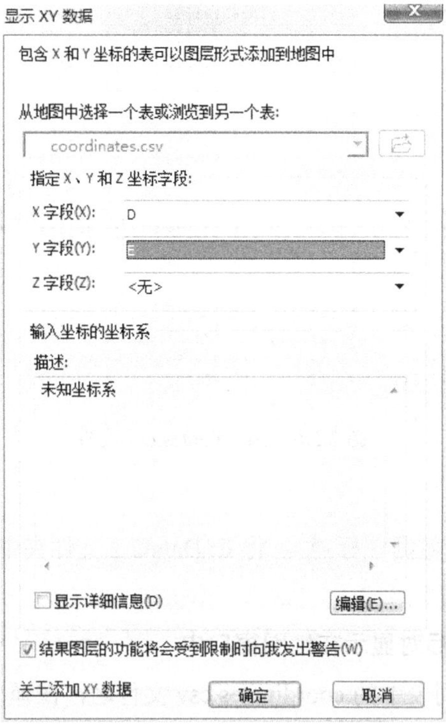

图 2.2.8　在 ArcMap 中从表格文件添加点数据（2）

3. 导出数据

此时生成的"coordinates.csv 个事件"图层缺乏 ObjectID 列，无法对要素进行选择、查询、编辑或进行属性关联等操作。如若要进行以上操作，则需要将该图层导出为要素类。

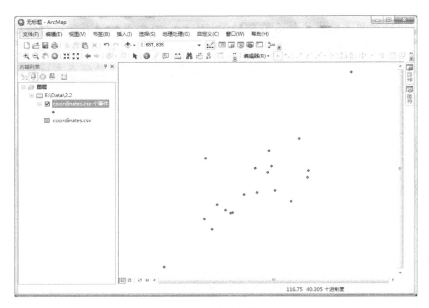

图 2.2.9　在 ArcMap 中从表格文件添加点数据（3）

Step1：在 ArcMap 内容列表中右键单击"coordinates.csv 个事件"图层名，在弹出菜单中依次单击"*数据→导出数据*"。

Step2：在打开的**导出数据**对话框中将输出要素类命名为 Export_Output，存放在名为 22 的地理数据库中，如图 2.2.10 所示。

图 2.2.10　将个事件导出为要素类

Step3：单击**确定**按钮，完成数据导出。

4．在 ArcCatalog 中生成图形数据

在 ArcMap 中，通过表格文件生成的要素类需要进行两步操作，即显示 *XY* 数据，再转换为要素类，但在 ArcCatolog 中可以只要一步即可完成这项工作。

Step1：在 ArcCatalog 目录树中右键单击 coordinates.csv 文件名，在弹出菜单中依次单击"*创建要素类→从 XY 表*"，如图 2.2.11 所示。

Step2：在打开的**从 XY 表创建要素类**对话框中将 X 字段设置为 D 列，Y 字段设置为 E 列，输出的要素类命名为 XYcoordinator 存储在本节的 22 地理数据库中，如图 2.2.12 所示。

Tips：可以通过单击输出文件名右侧的图标，在打开的保存数据对话框中设置保存为 Shapefile 类型还是要素类。若保存为 Shapefile 类型，则只能保存在文件夹下，而不能保存在地理数据库中；若保存为文件和个人地理数据库要素类，则只能保存在地理数据库中。

Step3：单击**确定**按钮完成表格到要素类的转换。

图 2.2.11　在 ArcCatalog 中从表格文件添加点数据（1）

图 2.2.12　在 ArcCatalog 中从表格文件添加点数据（2）

思考：在 ArcCatolog 中从表格生成的图形还需要转换成要素类吗？为什么？

2.3　屏幕矢量化

将栅格格式数据转换为矢量格式数据的过程称为矢量化。屏幕矢量化是利用 ArcGIS 提供的工具或其他软件工具通过屏幕对扫描后的地图可视地进行矢量化，其实质是以扫描地图为底图，识别目标要素所在像素位置坐标，并将其转化为矢量形式。

2.3.1 数据说明

本节要屏幕矢量化的数据为扫描后的地图，均为栅格格式，一个是用于编辑矢量化的名为 map 的图片，一个是用于 ArcScan 矢量化的名为 cropmap 图片。存储在 E:\Data\2.3 文件夹下的名为 23 的地理数据库中，如图 2.3.1 所示，图 2.3.1（a）为 map 图像，图 2.3.1（b）为 cropmap 图像，图中包含多种要素，如高程点、等高线、湖泊等。

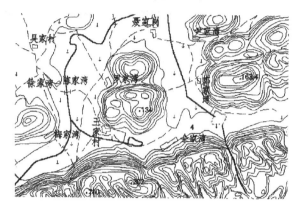

（a）map 图像   （b）cropmap 图像

图 2.3.1　扫描地图 map 和 cropmap

2.3.2 矢量化前的准备

1. 地图分层

对于扫描地图 map 上的要素，根据点、线、面不同类型将其细分成了 7 类，如表 2.3.1 所示。在本例中以河流为例进行矢量化操作。

表 2.3.1　地图分层信息表

要素类型	项　目	层　名	内　容	图上特征
点要素	高程点	height	高程点	高程值旁边的点
线要素	等高线	contour	计曲线、首曲线	细实线
	道路	road	道路	虚线
	水系	river	河流	粗实线
面要素	居民地	block	居民地多边形	封闭的细线
	湖泊	lake	湖泊面状水域	封闭的粗线
	用地类型	land	地类符号	带箭头的符号

2. 新建矢量图层

对 map 图像中的河流进行矢量化，所以要新建一个存储矢量线数据的图层。这一步在 ArcCatalog 中完成。

Step1：在 ArcCatalog 的目录树中右键单击 E:\Data\2.3 文件夹下的名为 23 的地理数据库，

在弹出菜单中依次单击"*新建→要素类*"。

Step2：在打开的**新建要素类**对话框中将新的要素类**名称**命名为 river，要素**类性**选择线要素，其他选项保持默认设置，如图 2.3.2 所示。

Step3：单击下**一步**按钮，进入第 2 步，如图 2.3.3 所示。这一步对将要数字化要素的坐标系进行设置。在实际工作中，根据原始数据的坐标系进行相应设置。因本节原始数据没有注明坐标系，因此不进行设置，直接单击下**一步**按钮，进入第 3 步，如图 2.3.4 所示。

图 2.3.2　新建要素类第 1 步

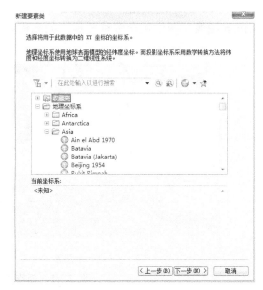

图 2.3.3　新建要素类第 2 步

Step4：这一步主要是用于消除在数字化过程中由于鼠标微小移动而产生的冗余数据，一般取默认值，单击下**一步**按钮进入第 4 步，如图 2.3.5 所示。

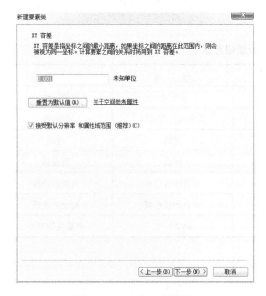

图 2.3.4　新建要素类第 3 步

图 2.3.5　新建要素类第 4 步

Step5：在这一步中可以为要矢量化的要素添加属性字段，系统提供了两种方式添加属性字段：一种是在对话框上部的表格中输入字段属性的名称和设定属性字段类型；另一种是通过单击下方的**导入**按钮从已有要素类或属性表中导入属性字段。单击**完成**按钮，完成新建要素类的操作。

用同样的方法新建一个线矢量图层 cropmapline 用于 2.3.4 节的矢量化操作。

2.3.3　编辑矢量化

编辑矢量化是利用 ArcMap 的编辑工具，通过鼠标交互操作指定数字化要素空间位置的方法手动进行矢量化。

1．添加图层

在 ArcMap 工具栏中单击图标 ✛，将扫描地图 map 和新建的矢量要素类图层 river 添加到 ArcMap 窗口，如图 2.3.6 所示。

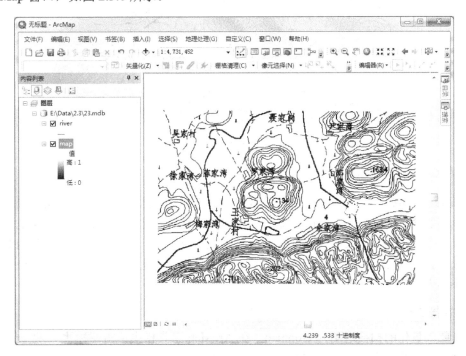

图 2.3.6　添加扫描地图 map 和线要素类 river

2．进行编辑矢量化

Step1：右键单击 ArcMap 内容列表中的 river 要素类，在弹出菜单中依次单击"*编辑要素→开始编辑*"，系统自动加载编辑器工具条，如图 2.3.7 所示。

图 2.3.7　编辑器工具条

Tips：若编辑器工具条中的画线工具不能用，请先单击编辑器工具条最右边的创建要素图标 ▓，在弹出的创建要素窗口中选中 river 图层，画线工具就可以用了。

Step2：选择编辑器工具条中的直线段工具 ✎，以河段一个端点为起点，用鼠标沿线取点，有拐点的位置就单击鼠标左键取一个点，当跟踪到河段另一端时，双击鼠标左键结束矢量化，也可以右键单击，在弹出菜单中选择"*结束草图*"来结束矢量化。这时，一段河流就数字化完毕了，如图2.3.8所示。可以用相同的方法完成其余河段的数字化。

思考：怎样数字化面状地物？

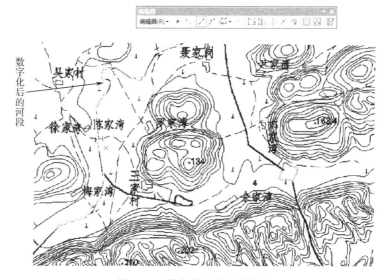

图2.3.8　数字化后的河流线段

2.3.4　ArcScan 矢量化

ArcScan 是 ArcGIS 中的扩展模块，能以自动识别目标像素并跟踪的模式完成矢量化的工作。这里需要注意的是，ArcScan 只能对二值图像进行矢量化。所谓二值图像就是图像中的像素只有两个取值结果，每个像素的值只能是这两个值中的一个。所以对于彩色图像或多灰度值图像首先要进行二值化。二值化的原则是：将需要数字化的像素重分类为一个值，其他像素重分类为另一个值。

1．数据准备

本节要矢量化的扫描地图为 cropmap，在 ArcMap 工具栏中单击图标 ✚，将 cropmap 图像的一个波段和线要素类 cropmapline 添加到 ArcMap 中，如图2.3.9所示。

注意：添加 cropmap 的一个波段，而不是整个 cropmap 图像。在添加数据对话框中，双击 cropmap 图像名会进入波段目录，选择任意一个波段文件即可。

Tips：如果没有添加 cropmapline 矢量图层并设置为可编辑状态，ArcScan 工具条上的工具将无法使用。

思考：为什么添加 cropmap 中的一个波段，而不是 cropmap？如果添加 cropmap 会是什么情况？

2．图像二值化

这里添加的是波段1的图像，为灰度图像，不是二值图像，需要进行二值化。

Step1：在 ArcMap 内容列表中右键单击栅格图层名 r_1.img-layer_1，在弹出菜单中选择*属性*。

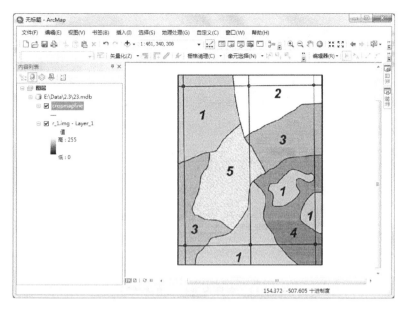

图 2.3.9　添加 cropmap 的一个波段的图像

Step2：在打开的**图层属性**对话框中单击**符号系统**属性页，在该属性页左侧显示栏中单击**已分类**，如图 2.3.10 所示。

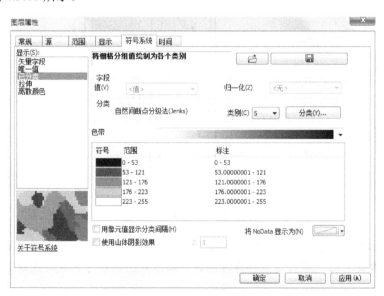

图 2.3.10　对图像进行二值化（1）

Step3：在**类别**下拉列表中将类别设为 2 类，系统会自动设定分类阈值将所有像素按照新的分类标准分为两类，如图 2.3.11。

在本例中自动设定的分类阈值满足矢量化像素提取的二值化要求，不需进行调整。

Step4：单击**确定**按钮，原始数据被重新分类为两类，如图 2.3.12 所示。

Tips：用 ArcToolbox 中的"重分类"工具也可以对图像进行二值化，读者可以自己尝试。

思考：重分类工具进行的二值化图像和上述示例中的二值化图像有什么本质上的区别？

图 2.3.11 对图像进行二值化（2）

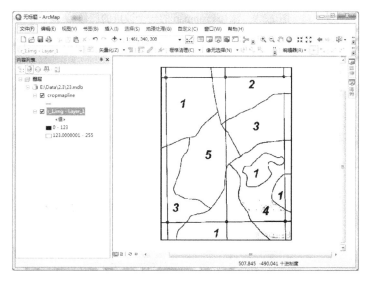

图 2.3.12 二值化后的图像

Tips: 如果读者二值化后图像颜色和图 2.3.12 中的颜色不同，可以通过更改符号系统中的图层属性或右键单击"图层属性→符号系统"属性页上的符号色块，选择"翻转颜色"来更改。

3. 跟踪矢量化

Step1：右键单击 ArcMap 内容列表中的 cropmapline 要素类，在弹出菜单中依次单击"编辑要素→开始编辑"。

Step2：单击 ArcScan 工具条上的**矢量化追踪**工具 ，鼠标指针变为十字光标，用鼠标左键单击某一线段的起点，系统就会自动追踪该像素值的线状像素，直至无法自动识别跟踪方向处，如线状像素分叉处，单击鼠标左键继续跟踪方向的像素，系统会自动跟踪，如图 2.3.13 所示。

Tips: 若矢量化追踪工具是灰的，不能用，请先单击编辑器工具条左右边的创建要素图标 ，在弹出的创建要素窗口中选中 cropmapline 图层。

Step3：系统再次自动跟踪至无法识别处，重复上述操作，直至一条线数字化完毕，如图 2.3.14 所示。双击鼠标左键或单击鼠标右键后，在弹出的菜单中单击*完成草图*结束一条线的追踪。

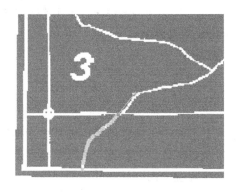 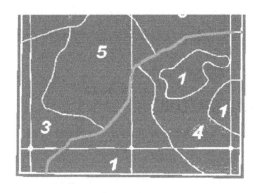

图 2.3.13　追踪矢量化（1）　　　　　图 2.3.14　追踪矢量化（2）

4．全自动矢量化

ArcGIS 也可以一次性将图像上所有满足要求的前景像素矢量化，一般称为全自动矢量化。在 23 地理数据库中新建一个 cropmapline1 线要素类并将其和 cropmap 图像的一个波段添加到 ArcMap 中。

Tips：前景像素即要被矢量化的像素。前景像素的设定可以在 ArcScan 工具条中的矢量化选项中完成。

Step1：单击 ArcScan 工具条中的**矢量化**下拉菜单 矢量化(Z) ，单击*生成要素*菜单，系统将图像中的全部前景像素自动矢量化，不论该像素表达地块边界还是图廓线或地块编号，如图 2.3.15 所示。也就是说，全自动矢量化只针对满足条件的像素进行矢量化，而不会区分哪些是需要矢量化的要素，哪些是不需要矢量化的要素。如本例中只需要矢量化地块的边界，不需要将图廓线和地块编号矢量化为线状要素。

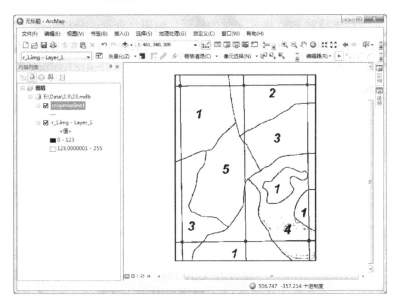

图 2.3.15　全自动矢量化

全自动矢量化后的要素类还需要进行较为大量的编辑工作，若想减少编辑的工作量，一般在进行全自动矢量化前先对图像进行编辑，删除不需要矢量化的像素，只保留需要矢量化的像素，这些操作将在 3.1 节中介绍。

Step2：右键单击 ArcMap 编辑器菜单条上的编辑器下拉菜单 编辑器(R)▾，单击*停止编辑*菜单结束矢量化，矢量化后的线要素被保存至 cropmapline 要素类中。

2.4　数据转换

2.4.1　问题提出

GIS 软件或数据并不是一次性使用的，也不是一个小部门单独使用的，而是多次使用、相互共享的。目前的 GIS 软件一般都不能直接操纵其他 GIS 软件的数据，所以需要经过数据转换。解决多格式数据转换一直是近年来 GIS 应用系统开发中需要解决的重要问题。

地理信息系统的数据来源非常广泛，格式也不同，通常不同的 GIS 软件提供不同格式的数据，同一个 GIS 软件也支持本身不同时期的数据格式。为了更好地使用数据资料，实现数据共享，日常工作中常常需要进行 GIS 数据格式的转换。本节主要介绍 ArcGIS 常见矢量数据的格式转换方法。

2.4.2　ArcGIS 其他格式转入

ArcGIS 在发展的不同时期产生了适应当时应用的数据格式，如 E00 格式是 ArcGIS 早期的公开数据交换格式，Coverage 文件是发展早期流行的矢量数据文件，Shapefile 格式文件是 20 世纪 90 年代流行的矢量数据文件，现在的 ArcGIS 主要采用 GeoDatabase 来管理数据。虽然 Coverage 和 Shapefile 仍然能被 ArcGIS 软件所读取、显示，但由于格式的限制难以和现有格式联合应用，有些操作也无法完成。因此，在实际工作中常常会遇到将这几种格式的数据转换为要素类的操作。

1．E00 格式转入

ArcGIS 桌面版不支持对 E00 格式文件的显示、编辑、查询、分析等操作，必须先将 E00 格式的文件转换成 ArcGIS 能够操作的数据格式。目前 ArcGIS 只提供 E00 转 Coverage 工具。

Step1：在 ArcMap 主菜单上单击 ArcToolbox 图标，打开 ArcToolbox 工具箱。

Step2：在 ArcToobox 中依次单击“*转换工具→转为 Coverage→从 E00 导入*”。

图 2.4.1　将 hydro.e00 转换为 Coverage

Step3：在打开的**从 E00 导入**对话框中将**输入交换文件**定位到 2.4 文件夹下的 hydro.e00 文件，**输出文件夹**定位至 E:\Data\2.4\Result，**输出名称**命名为 hydro0，如图 2.4.1 所示。

Step4：单击**确定**按钮，将 hydro.e00 转换为 Coverage 文件。

Tips: 在使用从 E00 导入工具时要注意，输入的 E00 文件不能放在名称中有空格或路径中有空格的目录中，输出的 Coverage 不能放在名称中有空格或路径中有空格的目录中，且 Coverage 名称长度不能超过 13 个字符，也不能包含#、@或%等特殊字符。

2. Coverage 和 Shapefile 格式转为要素类

ArcGIS 桌面版支持 Coverage 和 Shapefile 格式数据的显示和部分操作，因此这两种格式文件的转换较为简单。下面以 Coverage 为例进行转换。

Step1：在 ArcMap 工具栏中单击图标 ✛，将名为 hydro0 的 Coverage 文件添加到内容列表和地图数据框中。

Step2：在内容列表中右键单击 hydro0 arc 图层名，在弹出菜单中依次单击"*数据→导出数据*"。

Step3：在打开的**导出数据**窗口中将**输出要素类**定位至 2.4 文件夹下的名为 24 的地理数据库中，以 Export_hydro 命名存储，如图 2.4.2 所示。

图 2.4.2　将 Coverage 导出为要素类

Step4：单击**确定**按钮，将 hydro0 转换为要素类。

Shapefile 文件导出为要素类的操作方法同上。

Tips：导出数据功能可以选择将数据导出为要素类或 shapefile 文件。

2.4.3　其他 GIS 软件格式转入

由于 ArcGIS 软件市场占有率高，成为 GIS 市场的主流软件，接纳其他软件的格式较少，常见的是 CAD 格式。实际上 CAD 格式也成为 GIS 领域行业公认的交换格式。在 ArcGIS 中，将 CAD 格式转为要素类的方法和 2.4.2 节中 Coverage、Shapefile 转为要素类的方法类似，利用 ArcToolbox 中的 **CAD 至地理数据库**工具即可完成。除此之外，ArcGIS 还支持 JSON 格式、KML 格式、WFS 格式转为图层或要素、要素类，都可以直接利用 ArcToolbox 提供的工具完成。本书提供了一个名为 seed 的 dwg 格式文件供读者练习，转换过程本书不再赘述。

2.5　属性数据输入

2.5.1　问题提出

GIS 数据库中存储地物的空间位置数据、空间关系和属性数据。属性数据也是进行空间分析的重要数据基础，属性数据的详细程度决定了空间分析结果的丰富度。前面介绍了通过手工输入、表格转换、屏幕矢量化和数据转换存储地物的空间位置数据，本节将介绍属性数据的输入。

2.5.2 数据说明

本节使用的数据为面矢量数据 land 和表格数据 name，存放在 E:\Data\2.5 文件夹下。由于 land 在数字化后只有 OBJECTID、Shape、Shape_Length、Shape_Area 四个默认字段，如果要进行后续的分析和应用，需要有其他相关属性，如名称、价格等。本节以属性字段和属性内容的添加为例介绍操作过程。

2.5.3 手工键盘输入

属性数据的添加一般为先添加字段，再添加属性内容。这个操作可以在属性表窗口中完成，也可以利用 ArcToolbox 的相关工具完成。本节要为 land 要素类添加 number 字段，用于存储每个地块的类型编号。

1. 从属性表窗口添加字段

Step1：在 ArcMap 工具栏中单击图标 ✛，将 land 要素类添加到视图中。

Step2：在内容列表中右键单击 land 图层名，在弹出菜单中单击*打开属性表*，此时打开的属性表窗口中只有 4 个默认字段，如图 2.5.1 所示。

图 2.5.1 land 要素类的属性表

图 2.5.2 添加字段

Step3：单击**表**窗口工具条上的表选项图标 ▤ ▾，在下拉菜单中单击*添加字段*。

Tips：从属性表添加字段名时务必保证该表在 ArcCatalog 中没有被操作，并且在 ArcMap 中该图层不处于编辑状态。

Step4：在打开的**添加字段**对话框中将**名称**设置为 landnum，由于本例中的地块只有 9 条记录，**类型**设置为短整型即可，其他选项保持默认设置，如图 2.5.2 所示。

Tips：设置字段名时注意不要设置为保留字，如 number。

Step5：单击**确定**按钮，完成字段添加，添加字段后的属性表如图 2.5.3 所示。

图 2.5.3 添加 landnum 字段后的属性表

2. 利用 ArcToolbox 工具添加字段

Step1：在 ArcMap 或 ArcCatalog 工具栏中单击 ArcToolbox 图标 ，打开 ArcToolbox 工具箱。

Tips：利用 ArcToolbox 工具添加字段的操作中 ArcMap 和 ArcCatalog 中都可以完成。

Step2：在 ArcToolbox 中依次单击"*数据管理工具→字段*"，打开**字段**工具集。

Step3：双击*添加字段*工具，打开**添加字段**对话框。

Step4：在**添加字段**对话框中将**输入表**设置为 land，**字段名**设置为 landnum1，**字段类型**设置为 SHORT，如图 2.5.4 所示。

图 2.5.4　在 ArcToolbox 中添加字段

Tips：因为前面已经添加了一个字段 landnum，不可以重复命名。

Step5：单击**确定**按钮，完成字段添加。

3. 添加字段内容

前面只是添加了字段名称，每个要素在此字段的内容还没有添加，这个工作在 ArcMap 中完成。

Step1：在 ArcMap 内容列表中右键单击 land 图层名，在弹出菜单中单击*打开属性表*。

Step2：在 ArcMap 内容列表中右键单击 land 图层名，在弹出菜单中依次单击"*编辑要素→开始编辑*"，将 land 图层的属性表设置为可编辑状态。

Step3：选中属性表中的第一条记录，可以看到地图中对应这条记录的要素也被选中，如图 2.5.5 所示，将这条记录的 landnum 字段设置为 1，如图 2.5.6 所示。

Step4：重复 Step3 直至为全部 9 个地块添加地块编号。

Step5：单击编辑器工具条上的编辑器图标 编辑器(R)▾，在下拉菜单中单击*停止编辑*，完成属性内容的添加并保存结果。

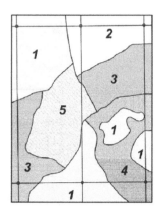

图 2.5.5　地块编号

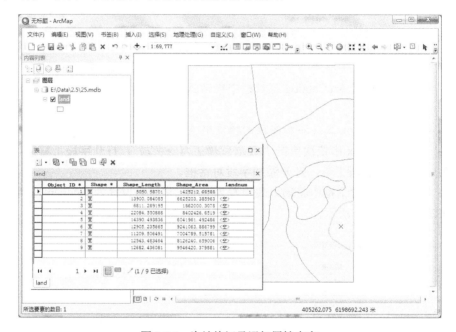

图 2.5.6　为地块记录添加属性内容

2.5.4　属性连接

对于少量属性数据可以通过键盘手工方式输入，但对于大量的数据来说这样的工作量显然太大了。ArcGIS 提供了利用公共关键字将两张属性表连接的功能，这样可以大大减少添加属性的工作量。本节使用的数据是 25 地理数据库中的 land 要素类和 name 表文件。

1. 在 ArcMap 中进行属性连接

Step1：在 ArcMap 工具栏中单击图标 ✛，将 land 要素类和 name 表文件添加到视图中。

Step2：在 ArcMap 内容列表中右键单击 land 要素类名，在弹出菜单中依次单击"*连接和关联→连接*"。

Step3：在打开的**连接数据**对话框中将 **1.选择该图层中连接将基于的字段**设置为 land 要素类属性表中的 landnum 字段，**2.选择要连接到此图层的表，或者从磁盘加载表**设置为要连接的 name 表，**3.选择此表中要作为连接基础的字段**设置为 lnum，其他选项保持默认设置，如

图 2.5.7 所示。

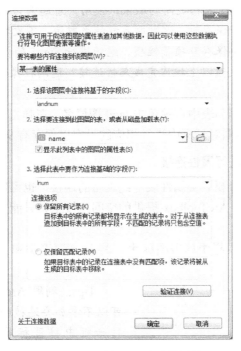

图 2.5.7　在 ArcMap 中连接属性

Step4：单击**确定**按钮完成属性连接，在完成连接之前，系统会弹出如图 2.5.8 所示的对话框提示用户创建索引，用户可以根据自己的需要选择创建或不创建。完成后 land 要素类属性表中的属性项已经从原先的 5 项变成了 9 项，加上了 name 表中的 4 项，如图 2.5.9 所示。

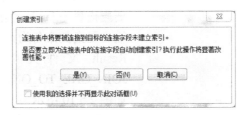

图 2.5.8　创建索引提示

Object ID *	Shape *	Shape_Length	Shape_Area	landnum	OBJECTID *	name	price	1num
1	面	5050.58701	1425212.68588	1	1	Oats	25000	1
2	面	13900.084085	6625203.385963	1	1	Oats	25000	1
3	面	6811.289195	1862000.3078	1	1	Oats	25000	1
4	面	22084.550888	8402426.6519	4	4	Lucerne	20000	4
5	面	14390.493836	6041961.492486	3	3	Barley	27000	3
6	面	12905.235665	9241063.886799	5	5	Wheat	19000	5
7	面	11209.506491	7004789.515781	3	3	Barley	27000	3
8	面	12543.483484	8126240.659006	2	2	Canola	24000	2
9	面	12682.436081	9546420.379881	1	1	Oats	25000	1

图 2.5.9　属性连接后的 land 属性表

Tips：需要注意的是，属性连接并非真正为 land 要素类添加了 4 个属性项，而是系统建立了一个 land 属性表和 name 表格之间的联系，使用户看起来为 land 属性表添加了属性项。但当关闭地图文档并不进行保存时，这种联系就随之取消，下次打开 land 要素类时，属性表仍然是 5 项属性项。若想要保存 9 项属性项，继续进行 Step5 的操作。

思考：能否对 name 表做以上操作完成属性连接？这两种操作的结果是否会有不同？若有，会有哪些不同？

Step5：在 ArcMap 内容列表中右键单击 land 图层名，在弹出菜单中依次单击"*数据→导出数据*"，在打开的**导出数据**对话框中进行相应的设定以保存有 9 个属性项的 land 要素类。

2．在 ArcToolbox 中进行属性连接

在 ArcMap 中可以进行要素类属性表与纯表格的连接，也可以进行要素类属性表和另一个要素类属性表的连接，但 ArcToolbox 提供的空间连接工具只能完成要素类属性表之间的属性连接。

Step1：在 ArcMap 工具栏中单击图标 ✛，将 land 要素类和 land_name 要素类添加到视图中。

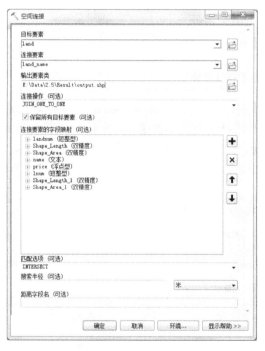

图 2.5.10　空间连接设置

Tips：利用 ArcToolbox 进行属性连接时也可以不添加要连接的要素类，只要在空间连接对话框中将目标要素和连接要素进行定位即可。

Step2：在 ArcMap 工具栏中单击 ArcToolbox 图标 ▣，在 ArcToolbox 窗口中依次单击"*分析工具→叠加分析*"，双击*空间连接工具*。

Step3：在打开的**空间连接**对话框中将**目标要素**设置为 land，**连接要素**设置为 land_name，**输出要素类**命名为 output 存储在 2.5 文件夹下的 Result 文件夹中，**连接操作**设置为 JOIN_ONE_TO_ONE，其他选项保持默认设置，如图 2.5.10 所示。

Tips：空间连接工具将两个参与连接的要素类属性表进行连接后生成一个新的输出要素类，连接操作可以是一对一的，也可以是一对多的。可以设置输出要素的保留属性，还可以设置进行连接匹配的方式和范围。

Step4：单击**确定**按钮，完成空间连接，空间连接前的属性表和空间连接后的属性表如图 2.5.11 所示。

Tips：属性连接时，连接的两个字段名称可以不同，但数据类型必须相同。

ArcGIS 还提供属性关联操作。在数据库的设计中，通常为了避免数据库中的信息发生重复，根据不同的主题设计多个表格，当需要的信息未包含在当前表中时，可以将含有所需信息的表和当前表关联起来。

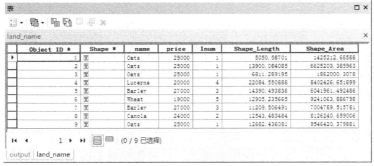

（a）land_name 要素类的属性表

（b）land 要素类的属性表

FID	Shape *	Join_Count	TARGET_FID	landnum	Shape_Leng	Shape_Area	name	price	lnum	Shape_Le_i	Shape_Ar_1
0	面	2	1	1	5050.58701	1425212.68588	Oats	25000	1	5050.58701	1425212.68588
1	面	4	2	1	13900.084085	6625203.38596	Oats	25000	1	13900.084085	6625203.38596
2	面	2	3	1	6811.289195	1862000.3078	Oats	25000	1	6811.289195	1862000.3078
3	面	6	4	4	22084.550888	8402426.6519	Oats	25000	1	5050.58701	1425212.68588
4	面	4	5	3	14390.493835	6041961.49249	Oats	25000	1	13900.084085	6625203.38596
5	面	7	6	5	12905.235665	9241063.8868	Oats	25000	1	13900.084085	6625203.38596
6	面	4	7	3	11209.506491	7004789.51578	Lucerne	20000	4	22084.550888	8402426.6519
7	面	4	8	2	12543.483484	8126240.65901	Wheat	19000	5	12905.235665	9241063.8868
8	面	4	9	1	12682.436081	9546420.37988	Barley	27000	3	14390.493835	6041961.49249

1 ▶ ▶| ▣ ▢ (0/9 已选择)

output

（c）output 要素类的属性表

图 2.5.11　空间连接前后的属性表

连接和关联在使用时的选择：当两个表中的数据存在一对一或多对一的关系时，使用属性连接；当两个表中的数据存在一对多或多对多的关系时，使用属性关联。

关联用于将数据与该图层关联在一起，与连接不同，关联只是建立一种联系，被关联要素类的属性表没有任何变化，不会增加属性字段，但可以通过关联关系访问相关的数据。关联是双向的，即两张表建立了关联关系后，从任意一张表可以查到另一张表的属性。

属性关联的操作和属性连接类似，本书不再赘述。

第 3 章　GIS 数据处理

在进行 GIS 数据操作过程中，如数据输入、数据分析、可视化等，对数据的要求不一样，使得当前的数据可能无法直接满足应用的需求，这时需要对 GIS 数据，包括空间位置和属性数据进行相应处理，如删除、配准、投影转换等。

3.1　栅格编辑

3.1.1　问题提出

在矢量化栅格数据时，尤其是进行全自动矢量化时，对栅格数据进行编辑清理，将不需要被数字化的像素清理掉，可以减少大量矢量化后的编辑工作。

3.1.2　数据准备

本节使用的数据为存放在 E:\Data\3.1 文件夹下的 31 地理数据库中的 cropmap 图像，将其添加到 ArcMap 中，如图 3.1.1 所示。

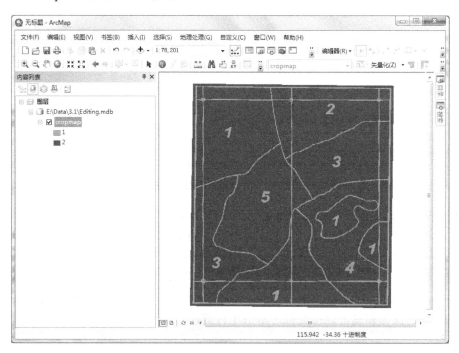

图 3.1.1　将 cropmap 图像添加到 ArcMap 中

思考：这里的 cropmap 和 2.3.4 节中经过二值化的 cropmap 有何不同？

3.1.3　编辑栅格

1. 启动编辑会话

Tips：将图像设为可编辑状态才能进行清理。

Step1：依次单击 ArcMap 主菜单上的"*自定义→扩展模块*"。

Step2：在打开的**扩展模块**对话框中，勾选 ArcScan 以激活 ArcScan 工具条，如图 3.1.2 所示。

Step3：单击**关闭**按钮，完成 ArcScan 工具条的激活。

Step4：右键单击 ArcMap 内容列表中的 cropmap 图像名，在弹出菜单中依次单击"*编辑要素→开始编辑*"，启动编辑会话。

Tips：也可以单击编辑器工具条上的编辑器下拉箭头，选择**开始编辑**启动编辑会话，如图 3.1.3 所示。

图 3.1.2　激活 ArcScan 扩展模块

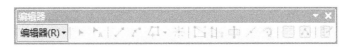

图 3.1.3　编辑器工具条

Step5：在 ArcMap 主菜单空白处右键单击，在弹出菜单中勾选 ArcScan 加载 ArcScan 工具条。ArcScan 工具条如图 3.1.4 所示。

图 3.1.4　ArcScan 工具条

图 3.1.5　栅格绘画工具条

Step6：依次单击 ArcScan 工具条中的"*栅格清理→开始清理*"，启动清理会话。

Step7：依次单击 ArcScan 工具条中的"*栅格清理→栅格绘画工具条*"，加载栅格绘画工具条，如图 3.1.5 所示。

2. 进行栅格编辑

栅格编辑工具包括栅格擦除和栅格绘制。栅格擦除工具用于清除那些不需要被矢量化的像素，栅格绘制工具用于将需要连续矢量化但并未相连的像素连接起来。进行栅格编辑后可以提高自动矢量化的效率，减少后期的矢量编辑工作。

Step1：单击栅格绘画工具条中的擦除工具图标，鼠标指针变为一个橡皮擦形状。

Step2：用擦除工具在不需要被矢量化的像素上移动以擦除这些像素，如图地编号、图廓线等。

Tips："擦除"实际上是将像素的值改变为背景像素的值。

Step3：单击栅格绘画工具条中的画笔工具，在断开处绘制以将线连接起来。

经过擦除和绘制编辑后，cropmap 图像如图 3.1.6 所示。

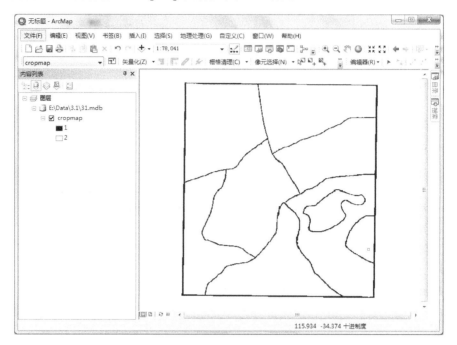

图 3.1.6　经过栅格编辑处理的图像

Step4：依次单击 ArcScan 工具条的"*栅格清理→保存*"，将修改内容保存至原栅格图像，供矢量化使用。

Tips：也可以依次单击 ArcScan 工具条的"*栅格清理→另存为*"，将编辑后的栅格保存为新栅格文件。

3.2　地理配准

3.2.1　问题提出

通常扫描的地图图像不包含空间参考信息，无法将其与现有数据套合使用，因此在将扫描地图数字化为矢量形式时要将其配准到某个空间坐标系中。在 ArcGIS 中，通过地理配准来完成这项工作。配准后的栅格数据可以和该地区的其他类型地理数据一起查看、查询和分析。ArcGIS 提供的地理配准工具集可以对栅格数据集、栅格图层、航空相片和卫星影像进行地理配准。

3.2.2　配准图像

1．确定控制点

Step1：添加地理配准工具条。在 ArcMap 菜单栏的空白处右键单击，在弹出菜单中单击*地理配准*，将地理配准工具条添加到工具栏里。

在配准过程中，选取在栅格数据集和实际坐标中可以精确识别的位置，如图廓线交点、方里网交点、道路或河流交叉点等特征地物。本例使用图廓线的交点作为控制点。

Step2：将图像上图廓线的交点选定为控制点，如图 3.2.1 所示，上排的点从左到右依次被编号为 11、12、13；下排的点从左到右依次被编号为 21、22、23。

2．为选取的控制点赋实际坐标

为了将没有空间参考信息的图像配准到对应的坐标系中，控制点必须有两套坐标：图像坐标系中的坐标和实际坐标系中的坐标。本例中实际坐标系为地理坐标系：Geocentric Datum of Australia1994（GDA94）坐标系，X 为经度，Y 为纬度，用十进制度数表示，具体坐标值如表 3.2.1 所示。

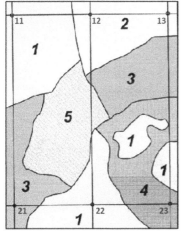

图 3.2.1　选择地理配准控制点

表 3.2.1　控制点坐标

ID	X（DD 表示）	Y（DD 表示）
11	115.8667	-34.3167
12	115.9000	-34.3167
13	115.9333	-34.3167
21	115.8667	-34.3833
22	115.9000	-34.3833
23	115.9333	-34.3833

Step1：在地理配准工具条上单击添加控制点图标 ✚，鼠标指针变成十字丝形状。

Step2：首先用鼠标左键单击控制点 11，确定图像上控制点的位置，不要移动鼠标，接着右键单击，在弹出菜单中单击*输入 X 和 Y*。

Step3：在打开的**输入坐标**对话框中参照表 3.2.1 中的值输入控制点 11 在实际地理坐标系中的坐标，如图 3.2.2 所示。

图 3.2.2　输入控制点 11 的实际坐标

Tips：如果无法精确单击控制点 11 的话，可先将原图放大。

Step4：单击**确定**按钮完成控制点 11 的实际坐标输入。

Tips：当单击确定按钮后，可能 cropmap 图像会消失在视图范围内，这时可以在 ArcMap 内容列表中右键单击 cropmap 图像名，在弹出菜单中单击*缩放至图层*，这时图像会重新回到视图范围内。

思考：为什么单击**确定**按钮后 cropmap 会消失在视图范围？

由于 ArcMap 是动态配准的，所以首先必须根据左上方的 11 和右下方的 23 两个控制点确定图像的范围，然后再添加控制点 23、31、22 和 32。

Step5：重复 Step3 输入控制点实际坐标的操作，按照表 3.2.1 中的值依次添加控制点 23、12、13、21、22 的实际坐标。

思考：为什么要先添加控制点 11 和 23 的坐标值？先添加完控制点 11 和 23 坐标值后，其他控制点需要按顺序添加吗？如果需要添加，应该按照什么顺序？

2．图像配准

当 6 个控制点的坐标全部添加完毕后，可以根据控制点进行图像配准了。

Step1：依次单击地理配准工具条中的"*地理配准→校正*"。

Step2：在打开的**另存为**对话框中将输出位置设置为本节的 Result 文件夹，将配准后的图像名称设置为 cropmap1，单击**保存**按钮进行图像配准，如图 3.2.3 所示。

图 3.2.3　图像配准

3.3　投影转换

3.3.1　问题提出

地图投影对地理信息系统的影响是渗透在地理信息系统建设的各个方面的。地理信息系统的数据多来自于各种类型的地图资料，不同的地图资料根据其成图的目的与需要的不同而采用不同的地图投影。在一个 GIS 项目中，所有的数据应该有相同的投影系统和坐标系统，以保证这些数据能够一起进行显示、处理和分析应用。

ArcGIS 提供两种类型的坐标系：一种是地理坐标系，为球面坐标系；另一种是投影坐标系，是将球面坐标投影在平面上的投影坐标系。ArcGIS 支持多种标准投影，并预定义了数百种特定区域和分带的投影方式。其中包括我国常用的 1954 北京投影坐标系、1980 西安投影坐标系、2000 国家大地坐标系（在 ArcGIS 中为 New Beijing）和 WGS84 地理坐标系。

本例中首先为数据定义坐标系，然后进行坐标系转换。

3.3.2　数据准备

本节使用的数据为存放在 E:\Data\3.3 文件夹下的 33 地理数据库中的 roads 要素类，目前该要素类没有实际的投影和坐标信息。

3.3.3　设置坐标系

在本节中要将 roads 要素类的坐标系设置为 WGS 1984 地理坐标系。设置坐标系可以在 ArcCatalog 中完成，也可以利用 ArcToolbox 中的工具完成。这两种方式对坐标系的设置有本质的区别。

1. 在 ArcCatalog 中设置投影

Step1：启动 ArcCatalog，在 ArcCatalog 中选中 roads 要素类，如图 3.3.1 所示。

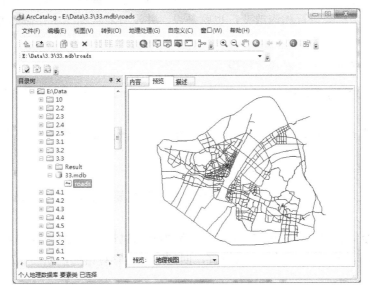

图 3.3.1　roads 要素类

Step2：在目录树中右键单击 roads 要素类名，在弹出菜单中单击*属性*。

Step3：在打开的**要素类属性**对话框中单击 **XY 坐标系**属性页。

Step4：在 **XY 坐标系**属性页中依次单击"*地理坐标系→World→WGS 1984*"，如图 3.3.2 所示。

图 3.3.2　在 ArcCatalog 中为 roads 要素类设置坐标系

Step5：单击**确定**按钮，完成为 roads 要素类设置地理坐标系。

在 ArcCatalog 的属性设置中看似为 roads 要素类设置了坐标系，但实际上只相当于给 roads 要素类贴了一个标签，只是在显示时会采用设置的坐标系，数据库中存储的数据的坐标值并没有根据设置的坐标系进行相应改变，也就是说，并没有对数据库中存储的原始数据针对地理坐标系改变为相应的值。

2．利用 ArcToolbox 工具设置投影

Step1：在 ArcMap 或 ArcCatalog 的主菜单上单击 ArcToolbox 图标 ，打开 ArcToolbox 工具箱。

Step2：在 ArcToobox 中依次单击"*数据管理工具→投影和变换*"，打开投影和变换工具箱。

Step3：双击*定义投影*，打开**定义投影**对话框。

Step4：在打开的**定义投影**对话框中将**输入数据集或要素类**设置为 roads，单击**坐标系**右侧的图标，打开**空间参考属性**对话框。

Step5：在**空间参考属性**对话框中，单击 **XY 坐标系**属性页，为 roads 要素类设置坐标系，如图 3.3.2 所示，单击**确定**按钮，完成设置，回到**定义投影**对话框，如图 3.3.3 所示。

图 3.3.3　利用 ArcToolbox 中的工具为 roads 要素类设置坐标系

Step6：单击**确定**按钮，完成坐标系设置。

定义投影工具对未知（数据集属性中坐标系为**未知**）数据集或不正确的坐标系定义坐标系，仅为现有数据添加坐标系信息，并不修改任何几何信息。但正确使用的前提是已知该数据集或要素类的正确坐标系。如果没有正确的坐标系，即使通过定义投影工具为数据集或要素类指定了坐标系也是没有实际意义的。

3.3.4　投影转换

本节中要将 roads 要素类的坐标系从 WGS 1984 地理坐标系转换为 3 度带的北京 2000 坐标系。要实现真正的原始数据层面的投影转换，就要使用 ArcToolbox 的投影工具。

Step1：在 ArcMap 或 ArcCatalog 的主菜单上单击 ArcToolbox 图标，打开 ArcToolbox 工具箱。

Step2：在 ArcToobox 中依次单击"*数据管理工具→投影和变换*"，打开投影和变换工具箱。

Step3：双击*投影*，打开**投影**对话框。

Step4：在打开的**投影**对话框中将**输入数据集或要素类**设置为 roads，**输出数据集或坐标系**命名为 roads1 存储在本节的 Result 文件夹下，单击输出坐标系右侧的图标，打开**空间参**

考**属性**对话框。

Tips：此步操作的前提是已经按照 3.3.3 节的操作将 roads 要素类设置为 WGS84 地理坐标系。

思考：若没有按照 3.3.3 节的操作将 roads 要素类设置为 WGS84 地理坐标系，而是直接使用没有投影和坐标信息的原始数据进行投影转换会是什么结果呢？

Step5：在**空间参考属性**对话框中，单击 **XY 坐标系**属性页，设置 roads 要素类的新坐标系，如图 3.3.4 所示，单击**确定**按钮，完成设置，回到**投影**对话框，如图 3.3.5 所示。

图 3.3.4　设置 roads 要素类的新坐标系　　　图 3.3.5　利用投影工具对 roads 要素类进行投影转换

Step6：单击**投影**对话框中的**确定**按钮，完成投影转换。

利用投影工具进行的投影转换是对数据库中存储的数据值进行了改变，是一种永久性的转换。

3.4　拓扑查错

3.4.1　问题提出

在实际应用中，有些矢量数据之间需要保持一定的空间关系，如相邻的面状行政区不能重叠、不能有空洞、等高线不能相交等。拓扑在要素之间构建了空间关系模型，利用拓扑可以确保空间数据的完整性、校验要素的有效性、控制编辑工具、定位拓扑错误和保证数据质量。ArcGIS 中提供了 25 种不同的拓扑规则，如不能有悬挂节点、不能重叠、必须在多边形内等。

在对矢量数据进行编辑前，利用已有的拓扑规则和建立新的拓扑规则来进行错误检查可以提高编辑的工作效率。另外，针对一些空间分析的要求，GIS 数据需要建立正确的拓扑关系。在地理数据库中，拓扑是定义点要素、线要素及面要素共享重叠几何的方式的排列布置。

3.4.2　数据准备

本节使用的数据为存放在 E:\Data\3.4 文件夹下的 34 地理数据库中的 tuopu 要素集。本节拓扑查错的目的是为将 cropline 线要素类生成一个包含 9 个多边形的面要素类做准备。当没有悬挂节点时能够确保生成正确数量的多边形。

Tips：只有在要素集中才能够新建拓扑，即使只有一个要素类，如果要进行拓扑相关的操作也要先建立要素集。

3.4.3 新建并验证拓扑

Step1：在 ArcCatalog 中右键单击要素集 tuopu，在弹出菜单中依次单击"*新建→拓扑*"，打开**新建拓扑**对话框，如图 3.4.1 所示。

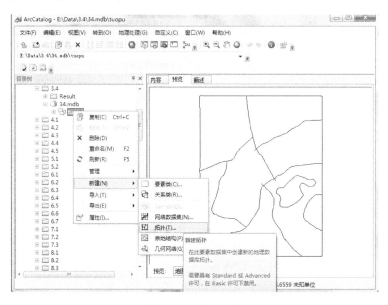

图 3.4.1 新建拓扑

Step2：在**新建拓扑**对话框第一页阅读相关信息，如图 3.4.2 所示，然后单击**下一步**按钮进入第二步。

Step3：在**新建拓扑**对话框第二页中将**输入拓扑名称**设置为 tuopu_Topology，**输入拓扑容差**采用默认值，如图 3.4.3 所示，单击**下一步**按钮进入第三步。

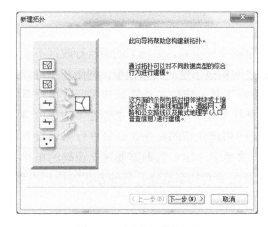

图 3.4.2 新建拓扑第一步

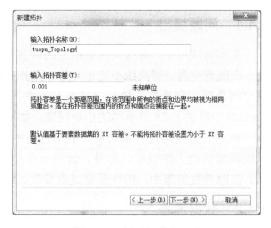

图 3.4.3 新建拓扑第二步

Step4：在**新建拓扑**对话框第三页中勾选参与拓扑构建的要素类 cropline，如图 3.4.4 所示，单击**下一步**按钮进入第四步。

Step5：在**新建拓扑**对话框第四页中采用默认设置，如图 3.4.5 所示，单击**下一步**按钮进入第五步。

图 3.4.4　新建拓扑第三步　　　　　　　　　图 3.4.5　新建拓扑第四步

Step6：在**新建拓扑**对话框第五页中单击**添加规则**按钮，打开**添加规则**对话框，在**添加规则**对话框中将**要素类的要素**设置为 cropline，**规则**设置为不能有悬挂点，勾选**显示错误**，如图 3.4.6（a）所示。单击**确定**按钮完成规则设置，并关闭**添加规则**对话框，回到**新建拓扑**对话框，如图 3.4.6（b）所示。单击**下一步**按钮进入第六步。

（a）　　　　　　　　　　　　　　　　　　　（b）

图 3.4.6　新建拓扑第五步

Step7：在**新建拓扑**对话框中显示了新建拓扑的相关信息，如图 3.4.7 所示。单击**完成**按钮，完成拓扑及拓扑规则的建立。

Step8：系统创建拓扑、添加拓扑规则后，会弹出提示对话框，提示用户已创建立拓扑，是否要立即验证，单击**是**按钮验证拓扑。

Tips：若此处不进行拓扑验证，可以利用 ArcToolbox 工具箱中的拓扑验证工具验证。

Step9：在 ArcCatalog 的目录树中单击刚才建立的拓扑 tuopu_Topology，在右侧的预览窗口中有红色的小方块显示有拓扑错误的位置，即这 3 个地方存在悬挂点，如图 3.4.8 所示。

图 3.4.7　新建拓扑第六步

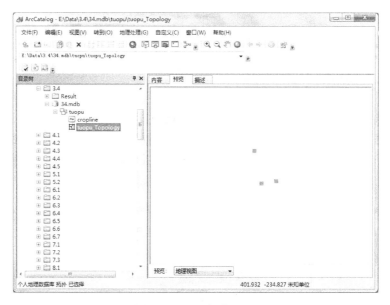

图 3.4.8　显示拓扑错误

　　根据查出的拓扑错误在 ArcMap 中利用编辑工具或拓扑编辑工具进行编辑，消除错误后就可以进行后续的操作了。

第4章 栅 格 分 析

栅格数据模型将地理空间分割成固定的格网,通常格网的基本单元是固定大小的正方形,空间事物按其在格网中的哪一行、哪一列、取什么值来表示其特征。栅格数据由于其自身数据结构的特点,在分析中通常使用二维数字矩阵的方法作为数学基础,因此具有分析处理模式化强、效率高的特点。

在 ArcGIS 中,栅格分析不仅指数据源为栅格数据的分析,分析源数据为矢量、分析结果为栅格的分析也称为栅格分析。ArcGIS 提供了地图代数、重分类、距离分析、密度分析等十多个分析工具箱,本章先独立地介绍几种常用的栅格分析方法,最后以粮食产量分析为例介绍以解决问题为目的的栅格数据分析的应用。

4.1 栅格计算

4.1.1 问题和数据分析

1. 问题提出

栅格计算是栅格数据空间分析中最常用的方法,也是进行复杂建模分析的基础,是对单栅格或多个栅格数据进行对应栅格格网的算术、逻辑或函数的运算,ArcGIS 中主要利用栅格计算器工具完成。

2. 数据准备

本节分析使用的数据存储在 E:\Data\4.1 文件夹下名为 41 的地理数据库中。一个是名为 corn 的栅格数据,表示研究区域玉米产量分布;另一个是名为 wheat 的栅格数据,表示研究区域小麦产量分布。

4.1.2 数学运算

ArcGIS 对栅格的数学运算包括算术运算、布尔运算和关系运算。

算术运算主要包括加、减、乘、除等运算,对一个栅格数据进行逐个栅格格网与常数的算术运算或对两个或两个以上栅格的对应位置的栅格格网进行算术运算。

布尔运算主要包括与(&)、或(|)、异或(^)和非(~)四种运算。这是基于布尔运算来对栅格的每个格网值进行判断的,经判断后,如果操作结果为"真",则该格网输出结果为 1;如果操作结果为"假",则该格网输出结果为 0。

关系运算主要包括等于(==)、大于(>)、小于(<)、不等于(!=)、大于或等于(>=)、小于或等于(<=)六种运算。这是基于一定的关系条件对栅格中的每个格网值进行判断的,满足判断条件的格网输出结果为 1,不满足判断条件的格网输出结果为 0。

下面以加运算为例说明栅格计算器的操作方法。例如,要计算每个栅格格网区域玉米与小麦的总产量,就要将 corn 和 wheat 这两个栅格相加。

1．加载数据

Step1：启动 ArcMap。

Step2：在 ArcMap 主菜单上单击添加数据图标 ✚，将 corn 和 wheat 栅格要素集添加到内容列表和地图窗口中。

2．加载 Spatial Analyst 扩展模块

Step1：依次单击 ArcMap 主菜单上的"*自定义→扩展模块*"。

Step2：在打开的**扩展模块**对话框中勾选 Spatial Analyst。

Step3：单击**关闭**按钮，激活 Spatial Analyst 模块并关闭**扩展模块**对话框。

3．打开栅格计算器

Step1：单击 ArcMap 标准工具条上的 ArcToolbox 工具图标 🌐，打开 ArcToolbox 工具箱窗口。

Step2：在 ArcToolbox 窗口中依次单击"*Spatial Analyst 工具→地图代数*"，打开地图代数工具箱。

Step3：双击*栅格计算器*。

4．计算粮食总产量

Step1：在**栅格计算器**对话框中双击**图层和变量**列表中的 corn 图层。

Step2：单击加号按钮 ＋ 。

Step3：在**栅格计算器**对话框中双击**图层和变量**列表中的 wheat 图层。

Step4：将输出栅格命名为 Sum，存储在 E:\Data\4.1\Result 文件夹下，如图 4.1.1 所示。

图 4.1.1　设置栅格计算器

Step5：单击**确定**按钮，完成粮食总产量的计算，结果如图 4.1.2 所示。

Tips：*数学运算符是有优先级的，算术型运算符优先级最高，后面依次是布尔型运算符、关系型运算符。*

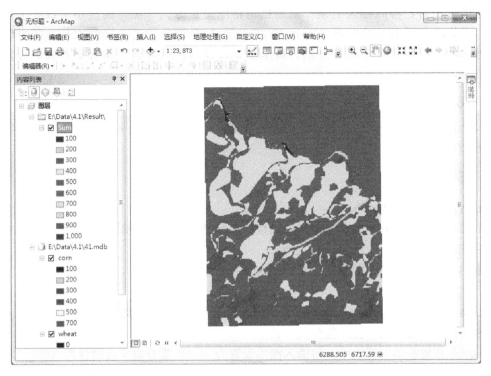

图 4.1.2　粮食总产量计算结果

4.1.3　函数运算

栅格计算器除提供给用户常用的数学运算符进行栅格计算外，还提供一些地图代数工具，如条件分析、数学分析、三角函数等常用工具，如图 4.1.3 所示。这些工具可以和数学运算符、数字、图层变量一起构成更为复杂的栅格计算表达式。表达式应当遵循"地图代数"语法规则。

图 4.1.3　栅格计算工具

利用工具构建表达式的方法和利用数学运算符构建表达式的方法相同，需要注意的是，要根据运算符的优先级用符号构建正确的表达式。具体操作这里不再赘述，请读者查阅 ArcGIS 相关帮助资料。

Tips: 除以上的数学运算、函数运算外，用户还可以通过使用 Spatial Analyst ArcPy 模块的 Python 脚本来构建表达式，从而完成需要的栅格计算。

4.2　重分类

4.2.1　问题和数据分析

1. 问题提出

重分类是根据某一标准将栅格中的原有数值重新分类转换为一组新值的过程。重分类是栅格数据处理与分析过程中常见的处理方法。在 ArcGIS 中，可以通过设定某个特定值或值域范围，或者设定分割间隔，或者使用函数重设等级等方式进行重分类。如在进行地形分析时，将高程大于某一值的栅格格网重新分为一类，高程小于或等于某个高程值的栅格格网重新分为一类。ArcGIS 提供了 6 个重分类工具，分别是：使用 ASCII 文件重分类、使用表重分类、分割、按函数重设比例、查找表、重分类。其中最常用的是重分类工具。

2. 数据准备

本节使用的数据为一个名为 elev 的栅格数据，存放在 E:\Data\4.2 文件夹下名为 42 的地理数据库中。

4.2.2　重分类工具

Step1：启动 ArcMap。

Step2：在 ArcMap 主菜单上单击添加数据图标 ✚，将 elev 栅格要素集添加到内容列表和地图窗口中。

Step3：单击 ArcMap 标准工具条上的 ArcToolbox 工具图标 ▦，打开 ArcToolbox 工具箱窗口。

Step4：依次单击"*Spatial Analyst 工具→重分类*"，打开重分类工具箱。

Step5：双击*重分类*，打开**重分类**对话框。

Step6：在**重分类**对话框中，将**输入栅格**设置为 elev，**重分类字段**设置为 Value，将重分类后的**输出栅格**命名为 reclassified 保存在 E:\Data\4.2\Result 文件夹下，如图 4.2.1 所示。

图 4.2.1　重分类工具

重分类工具提供了几种重分类标准，系统默认的是按**自然间断点分级法**将有值的栅格重新分成了 9 类，加上 NoData，一共是 10 类。如果想改变分类标准，单击**重分类**对话框中的**分类**按钮，在打开的**分类**对话框中可以看到具体的分类方法、设置为几类、设置分类间隔等选项，如图 4.2.2 所示。ArcGIS 共提供了 7 种重分类方法，可以手动调节分类数量，可以在图中通过鼠标拖动中断线调整分类间隔，也可以在**中断值**文本框中编辑改写中断值。

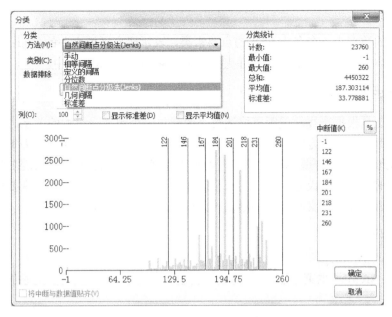

图 4.2.2　重分类方法确定

重分类对话框中的**唯一**按钮，提供按唯一值进行重分类的功能，将旧值按照唯一值进行重分类，有多少个唯一值就分成多少类。

重分类对话框中的**加载**按钮提供按重映射表进行重分类，详见 4.2.3 节。

Step7：单击**确定**按钮，完成 elev 栅格数据的重分类。

4.2.3　其他重分类工具

使用 ASCII 文件进行重分类工具是使用 ASCII 类型的重映射文件对栅格数据进行重分类。可以用能够生成 ASCII 文本文件的任何编辑器来创建 ASCII 类型的重映射文件，但该文件必须满足特定的格式。

使用表重分类工具使用重映射表对栅格数据进行重分类。重映射表可以是地理数据库表、INFO 表或 dBASE 文件，输入栅格必须具有有效的统计数据。

分割工具可以对输入栅格指定重分类数量及分割方法进行重分类。

按函数重设比例工具可以接收并直接处理连续输入值，应用所选的变换函数将结果值变换为指定的连续评估等级。

查找表工具通过在输入栅格数据表中查找另一个字段的值来新建栅格。

4.3　距离分析

4.3.1　问题和数据分析

1．问题提出

ArcGIS 的距离分析工具箱主要提供用于计算输出栅格中每个像元到输入的最近源的最小累积成本距离或路径的工具。距离分析的输入可以是栅格数据，也可以是矢量的要素类数据，但输出均为栅格数据。中距离分析中最常用的是欧氏距离和成本距离。

2．数据准备

本节使用的数据为一个名为 well 的点要素类，表示研究区域水井的分布；一个名为 cost 的栅格数据集，存放在 E:\Data\4.3 文件夹下的名为 43 的地理数据库中。

4.3.2　欧氏距离工具

欧氏距离工具根据直线欧氏距离描述每个像元与一个源或一组源的关系。有 3 种欧氏距离工具：欧氏距离、欧氏方向和欧氏分配。欧氏距离的输出栅格的像元值为每个像元到最近源的距离，如到最近的井的距离；欧氏方向的输出栅格的像元值为每个像元到最近源的方向，如到最近的井的方向；欧氏分配的输出栅格的像元值为根据最大邻近性识别要分配给源的像元，如距离最近的井。其实质是栅格形式的 Voronoi 图。

1．加载数据

Step1：启动 ArcMap。

Step2：在 ArcMap 主菜单上单击添加数据图标 ✛，将 well 点要素类添加到内容列表和地图窗口中。

2．加载欧氏距离工具

Step1：单击 ArcMap 标准工具条上的 ArcToolbox 工具图标 📦，打开 ArcToolbox 工具箱窗口。

Step2：依次单击"*Spatial Analyst 工具→距离分析*"，打开距离分析工具箱。

Step3：双击*欧氏距离*，打开**欧氏距离**对话框。

3．求解欧氏距离

在**欧氏距离**对话框中将**输入栅格数据或要素源数据**设置为 well，**输出距离栅格数据**命名为 odis 存储在 E:\Data\4.3\Result 文件夹下，其他选项保持默认设置，如图 4.3.1 所示，单击**确定**按钮完成欧氏距离计算。求解的欧氏距离栅格如图 4.3.2 所示。

图 4.3.1　欧氏距离设定

在**欧氏距离**对话框中，**最大距离**指累积的距离值的最大值，若超过该值则输出像元值为 NoData。默认的最大距离是到输出栅格边的距离。用户可以手动设定**输出像元大小**，也可以单击此编辑框右边的文件夹按钮将输出栅格像元大小设定为与特定栅格一致，这在多个栅格联合分析时特别有用。**输出方向栅格数据**可同时计算欧氏方向并输出。

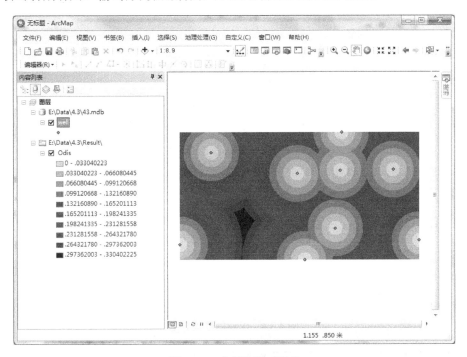

图 4.3.2　求解的欧氏距离

4．求解欧氏分配

Step1：依次单击 ArcToolbox 中的*"Spatial Analyst 工具→距离分析"*，打开距离分析工具箱。

Step2：双击*欧氏分配*，打开**欧氏分配**对话框。

Step3：在**欧氏分配**对话框中将**输入栅格数据或要素源数据**设置为 well，**源字段**设定为 OBJECTID，**输出分配栅格数据**命名为 oall 存储在 E:\Data\4.3\Result 文件夹下，其他选项保持默认设置，如图 4.3.3 所示，单击**确定**按钮完成欧氏分配计算。求解的欧氏分配栅格如图 4.3.4 所示。

图 4.3.3　欧氏分配设定

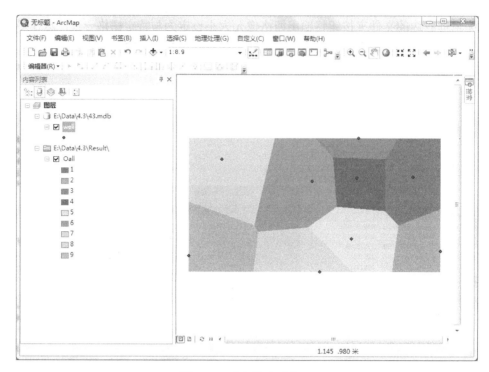

图 4.3.4　求解的欧氏分配

在**欧氏分配**对话框中，**输入赋值栅格**的值为可以被分配至所有供计算使用的源位置像元，此类赋值栅格优先于源字段中的设置。**输出距离栅格数据**可同时计算欧氏距离并输出。

4.3.3　成本距离工具

成本距离工具可以看作对欧氏直线距离的加权修改，将经过某个像元的距离赋予成本权重，其目标是确定**分析窗口**中各像元位置到某个源的最小成本路径。有 4 种成本距离工具：成本距离、成本路径、成本分配和成本距离回溯链接。成本距离为加权最短距离；成本路径为源到目标的最小成本路径；成本分配为根据成本面上的最小累积成本计算每个像元的最近源；成本距离回溯链接是在考虑表面距离以及水平和垂直成本因素的情况下，在指向最近源的最小累积成本路径上定义表示下一个像元的近邻。

1．加载数据

Step1：启动 ArcMap。

Step2：在 ArcMap 主菜单上单击添加数据图标 ✛，将 well 点要素类和 cost 栅格数据集添加到内容列表中。

2．加载成本距离工具

Step1：单击 ArcMap 标准工具条上的 **ArcToolbox** 工具图标 ▣，打开 ArcToolbox 工具箱。

Step2：依次单击"*Spatial Analyst 工具→距离分析*"，打开距离分析工具箱。

Step3：双击*成本距离*，打开**成本距离**对话框。

3．求解成本距离

Step1：在**成本距离**对话框中将**输入栅格数据或要素源数据**设置为 well，输入成本栅格数据设置为 cost，**输出距离栅格数据**命名为 Cdis 存储在 E:\Data\4.3\Result 文件夹下，其他选项保持默认设置，如图 4.3.5 所示，单击**确定**按钮完成成本距离计算。求解的成本距离如图 4.3.6 所示。

图 4.3.5　成本距离设定

Step2：在**成本距离**对话框中，**输出回溯链接栅格数据**同时计算回溯链接栅格并输出。

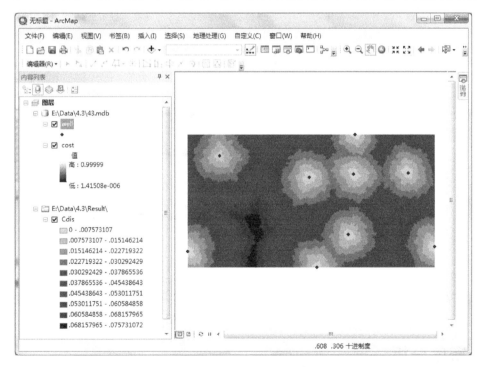

图 4.3.6　求解的成本距离

4．求解成本分配

Step1：依次单击"*Spatial Analyst 工具→距离分析*"，打开距离分析工具箱。

Step2：双击*成本分配*，打开**成本分配**对话框。

Step3：在**成本分配**对话框中将**输入栅格数据或要素源数据**设置为 well，**输入成本栅格数据**设置为 cost，**输出分配栅格数据**命名为 call 存储在 E:\Data\4.3\Result 文件夹下，其他选项保持默认设置，如图 4.3.7 所示，单击**确定**按钮成本分配计算。求解的欧氏成本分配如图 4.3.8 所示。

图 4.3.7　欧氏成本分配设定

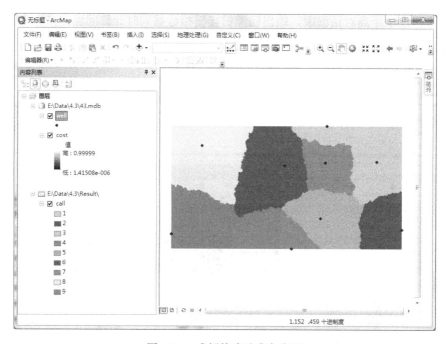

图 4.3.8　求解的欧氏成本分配

4.4　密度分析

4.4.1　问题和数据分析

1.　问题提出

密度分析通过计算每个输出栅格像元周围邻域内输入要素的密度来分析点要素或线要素较为集中的区域。密度分析中最为关键的就是设定邻域的类型和范围，邻域类型和范围不同，计算出的密度值不同，得到的密度分布也有可能不同。

ArcGIS 提供 3 个密度分析的工具：基于简单计算的点密度分析和线密度分析，以及基于核计算的核密度分析。在简单密度计算中，求出的是邻域内的点或线的总和，然后除以邻域面积得到密度值。

2．数据准备

本节使用的数据为一个名为 population 的点要素类，表示研究区域人口统计小区中人口数量及人口重心的分布，存放在 E:\Data\4.4 文件夹下名为 44 的地理数据库中。

4.4.2　点密度分析

点密度分析计算输出栅格每个格网单元周围的点要素的密度，即用邻域内点的数量总和除以邻域面积。线密度分析和点密度分析原理相同，即用邻域内线的总长度除以邻域面积。

1．加载数据

Step1：启动 ArcMap。

Step2：在 ArcMap 主菜单上单击添加数据图标 ，将 population 点要素类添加到内容列表和地图窗口中。

2．加载点密度分析工具

Step1：单击 ArcMap 标准工具条上的 ArcToolbox 工具图标 ，打开 ArcToolbox 工具箱窗口。

Step2：依次单击"*Spatial Analyst 工具→密度分析*"，打开密度分析工具箱。

Step3：双击*点密度分析*，打开**点密度分析**对话框。

3．求解点密度

在**点密度分析**对话框中将**输入点要素**设置为 population，**Population 字段**设置为 POPULATION，**输出栅格**命名为 pointd 存储在 E:\Data\4.4\Result 文件夹下，保持**邻域分析**为圆形，将邻域**半径**设置为 0.2，其他选项保持默认设置，如图 4.4.1 所示，单击**确定**按钮完成点密度分析。求解的点密度分析如图 4.4.2 所示。

图 4.4.1　点密度分析设定

在**点密度分析**对话框中，**Population 字段**相当于一个权重，表示每项的值用于确定点被计的次数。这里设置为 population 要素类的 POPULATION 字段表示按照人口数量计算点的个数，即人口数量大的点会被更多次地计数，如果设置为 NONE 则表示按实际数量计数。

在点密度分析中，可以将邻域形状设置为环形、圆形、矩形和楔形，选择的邻域形状不同，下面的邻域设置参数也会有相应的变化。

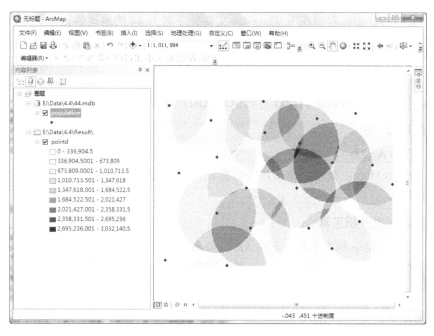

图 4.4.2　求解的点密度分析

4.4.3　核密度分析

核密度分析同样是计算要素在邻域中的密度，但算法区别于简单密度计算。以点的核密度分析为例，假想每个点上方覆盖着一个光滑曲面，在点所在的位置处表面值最高，随着与点的距离的逐渐增大表面值逐渐减小，在与点的距离等于搜索半径的位置处表面值为零。这个光滑曲面与下方的平面所围成的体积等于该点的 Population 字段值，如果将 Population 字段值设定为 NONE，则体积为 1。输出栅格每个格网的值等于叠加在该格网上所有核表面的值之和。线要素的核密度分析区别主要是光滑曲面在线所在位置处最大，曲面与下方平面围成的空间的体积等于线长度与 Population 字段值的乘积。

1．加载数据

Step1：启动 ArcMap。

Step2：在 ArcMap 主菜单上单击添加数据图标 ✛，将 population 点要素类添加到内容列表和地图窗口中。

2．加载点密度分析工具

Step1：单击 ArcMap 标准工具条上的 ArcToolbox 工具图标 ▦，打开 ArcToolbox 工具箱。

Step2：依次单击"*Spatial Analyst 工具→密度分析*"，打开密度分析工具箱。

Step3：双击*核密度分析*，打开**核密度分析**对话框。

3．求解核密度

在**核密度分析**对话框中将**输入点或折线要素**设置为 population，**Population 字段**设置为 NONE，**输出栅格**命名为 pointk 存储在 E:\Data\4.4\Result 文件夹下，其他选项保持默认设置，如图 4.4.3 所示，单击**确定**按钮完成核密度分析。求解的核密度分析如图 4.4.4 所示。

图 4.4.3　核密度分析设定

在**核密度分析**对话框中，**搜索半径**默认使用默认算法确定的搜索半径。当相关要素类设定了空间参考的情况下，**面积单位**才有意义。**输出值为**表示输出栅格中每个格网值的含义，有两个选项：一个是 DENSITIES，为默认设置，表示预测的密度值；另一个是 EXPECTED COUNTS，表示每个像元中预测的现象数量。**方法**表示测定距离的方法：一种是 PLANAR，为默认设置，表示使用平面距离；另一种是 GEODESIC，表示使用大地距离。

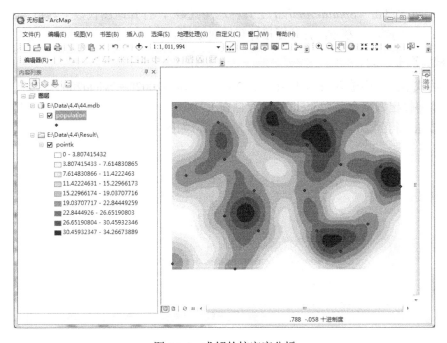

图 4.4.4　求解的核密度分析

4.5 粮食产量预测

4.5.1 问题和数据分析

1. 问题提出

从经验上来看，粮食产量与土壤有机质含量、土壤肥沃程度有直接关系，有机质含量越高，土壤越肥沃，产量越高。已有研究表明，粮食产量和前三年粮食产量、土壤有机质含量、土壤肥沃程度的关系式为：

本年粮食产量 ＝[前三年平均粮食产量*土壤有机质含量] / 肥沃率等级

本节利用已有的粮食产量数据、土壤有机质含量数据和土壤肥沃率等级数据预测粮食产量。

2. 数据准备

本节使用的原始数据主要为栅格格式的数据，包括 2001 年、2002 年、2003 年粮食产量数据（yield2001、yield2002、yield2003）、土壤有机质含量数据（organic）、土壤肥沃程度数据（fertiliser）。数据存放在 E:\Data\4.5 文件夹下名为 45 的地理数据库中。

4.5.2 预测 2004 年粮食产量

1. 加载数据

Step1：启动 ArcMap。

Step2：在 ArcMap 主菜单上单击添加数据图标 ✛，将 yield2001、yield2002、yield2003、organic 和 fertiliser 五个栅格数据集加载到内容列表和地图窗口中。

2. 加载栅格计算器工具

Step1：单击 ArcMap 标准工具条上的 ArcToolbox 工具图标 ▨，打开 ArcToolbox 工具箱窗口。

Step2：依次单击"*Spatial Analyst 工具→地图代数*"，打开地图代数工具箱。

Step3：双击*栅格计算器*，打开**栅格计算器**对话框。

3. 粮食产量预测

在表达式输入框中输入表达式: (("yield2001" + "yield2002" + "yield2003") / 3 * "organic") / "fertiliser"，将输出栅格命名为 yield2004 存储在 E:\Data\4.5\Result 文件夹下，如图 4.5.1 所示，单击**确定**按钮，得到 2004 年预测的粮食产量分布，如图 4.5.2 所示。

图 4.5.1　粮食产量预测表达式

Tips: 也可以通过双击图层名和单击运算符按钮输入表达式。

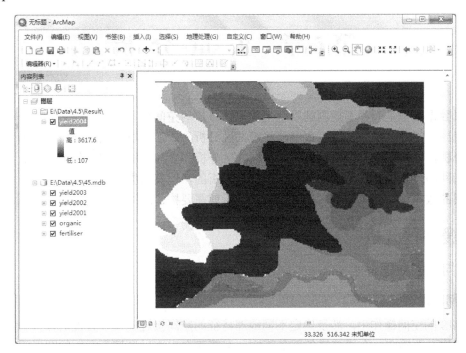

图 4.5.2 预测的粮食产量分布

第 5 章 矢 量 分 析

矢量数据模型是一种不规则的以空间对象为单位的空间要素记录方式，其在分析时所用的算法也比栅格数据复杂。大多数书籍将缓冲区分析、叠加分析和网络分析都归为矢量数据的空间分析，在本书中，矢量分析只涉及缓冲区分析和叠加分析，网络分析在第 6 章介绍。这是因为网络分析虽然也是利用矢量数据进行分析的，但其数据模型与缓冲区分析和叠加分析所使用的数据模型有所区别，在进行网络分析前需要构建网络数据集。

5.1 缓冲区分析

5.1.1 问题和数据分析

1. 问题提出

在 GIS 的空间操作中，涉及确定不同地理特征的空间接近度或邻近性的操作就是建立缓冲区。例如，要确定一个通信塔的服务范围，需要建立一个以该塔为中心的圆形缓冲区；进行道路拓宽，需要建立一个以道路为中心的带状缓冲区以确定需要拆迁范围等。

2. 数据准备

本节所使用的数据为一个名为 point 的点要素类，一个名为 polyline 的线要素类，一个名为 polygon 的面要素类，存放在 E:\Data\5.1 文件夹下名为 51 的地理数据库中。

5.1.2 点的缓冲区

1. 加载数据

Step1：启动 ArcMap。

Step2：在 ArcMap 主菜单上单击添加数据图标 ✛，将 point 点要素类添加到内容列表和地图窗口中。

2. 生成常规缓冲区

Step1：依次单击 ArcMap 主菜单中的"*地理处理→缓冲区*"，打开**缓冲区**对话框。

Step2：在**缓冲区**对话框中将**输入要素**设置为 point，**输出要素类**命名为 pointbuff1 存放在本节的 Result 文件夹下，选用**线性单位**设置距离，值为 100，其他选项保持默认设置，如图 5.1.1 所示。

由于本例所使用的数据没有空间设置参考，所以距离单位为**未知**，对于已设置空间参考的数据，距离单位根据实际情况设置。**方法**为计算缓冲区是用平面方法还是大地线方法。**融合类型**为设置去除缓冲重叠的方法。**融合字段**是指此字段值相同的要素生成的缓冲区融合在一起。

Tips：缓冲区工具也可以在 ArcToolbox 工具箱中调取。位置在"*ArcToolbox→分析工具→邻域分析→缓冲区*"。

图 5.1.1　常规点要素缓冲区分析设置

Step3：单击**确定**按钮，生成点要素的常规缓冲区，如图 5.1.2 所示。

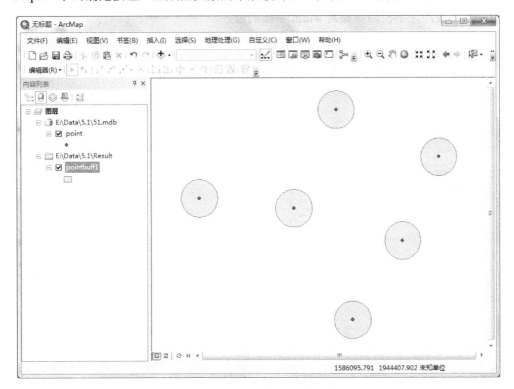

图 5.1.2　生成点要素的常规缓冲区

3．生成变半径缓冲区

Step1：依次单击 ArcMap 主菜单中的"*地理处理→缓冲区*"，打开**缓冲区**对话框。

Step2：在**缓冲区**对话框中将**输入要素**设置为 point，**输出要素类**命名为 pointbuff2 存放在本节的 Result 文件夹下，选用**字段**设置**距离**，值为 width，其他选项保持默认设置，如图 5.1.3 所示。

图 5.1.3　变半径点缓冲区分析设置

Step3：单击**确定**按钮，生成点要素的基于 width 字段的变半径点缓冲区，如图 5.1.4 所示。每个点要素的缓冲区半径为该要素 width 字段的值。

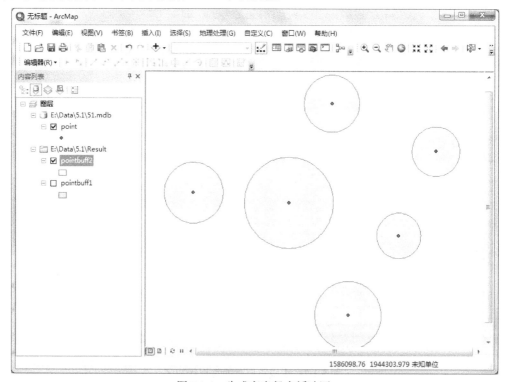

图 5.1.4　生成变半径点缓冲区

Tips：利用字段生成的缓冲区，每个缓冲区的半径和该要素的半径字段值相同。

5.1.3　线的缓冲区

1．加载数据

Step1：启动 ArcMap。

Step2：在 ArcMap 主菜单上单击添加数据图标 ✛，将 polyline 线要素类添加到内容列表和地图窗口中。

2. 生成常规缓冲区

Step1：依次单击 ArcMap 主菜单中的"*地理处理→缓冲区*"，打开**缓冲区**对话框。

Step2：在**缓冲区**对话框中将**输入要素**设置为 polyline，**输出要素类**命名为 polylinebuff1 存放在本节的 Result 文件夹下，选用**线性单位**设置**距离**，值为 100，单位未知，其他选项保持默认设置，如图 5.1.5 所示。

侧类型表示生成的缓冲区是沿线两边同时生成，还是只生成在线的单边并设置是哪一边。对于线要素类来说，两边同时生成缓冲区是默认设置，即设置为 FULL。**末端类型**指线缓冲区末端是生成圆头还是齐头，ROUND 为默认设置，即圆头。此处**融合类型**默认设置为 NONE，表示每个线要素生成一个缓冲区，即使生成的缓冲区有重叠压盖。

图 5.1.5　常规线要素缓冲区分析设置

Step3：单击**确定**按钮，生成线要素的常规缓冲区，如图 5.1.6 所示。

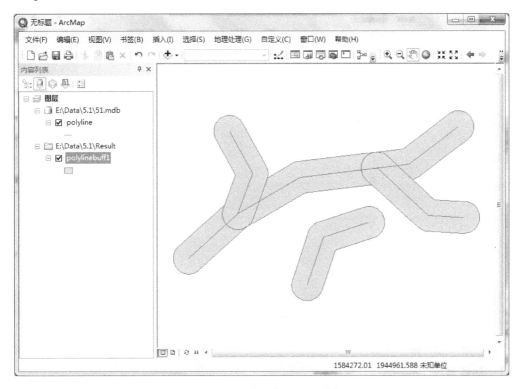

图 5.1.6　生成线要素的常规缓冲区

图 5.1.7　线要素的融合缓冲区分析设置

3. 生成融合缓冲区

融合缓冲区是指根据设置将满足条件的相交的独立缓冲区边界消除,融合成一个大多边形的操作。

Step1:依次单击 ArcMap 主菜单中的"*地理处理→缓冲区*",打开**缓冲区**对话框。

Step2: 在**缓冲区**对话框中将**输入要素**设置为 polyline,**输出要素类**命名为 polylinebuff2 存放在本节的 Result 文件夹下,选用**字段**设置**距离**,值为 radius,**侧类型**设置为 LEFT,只对线的左边生成缓冲区,**末端类型**设置为 FLAT,缓冲区末端为齐头,**融合类型**设置为 ALL,凡是有重叠的缓冲区都融合在一起,如图 5.1.7 所示。

融合字段是指根据所选定的字段,将相同字段的有重叠的缓冲区融合在一起。

Step3:单击**确定**按钮,生成线要素的融合缓冲区,如图 5.1.8 所示。

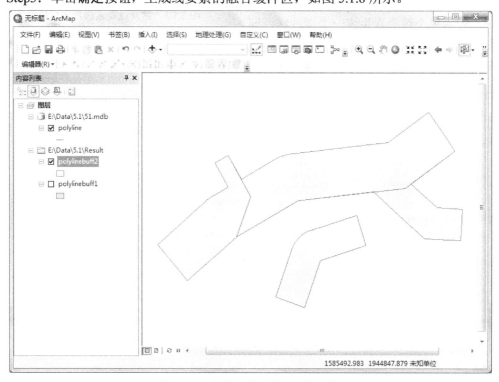

图 5.1.8　生成线要素的融合缓冲区

5.1.4　面的缓冲区

1. 加载数据

Step1:启动 ArcMap。

Step2:在 ArcMap 主菜单上单击添加数据图标 ✛,将 polygon 面要素类添加到内容列表和地图窗口中。

2. 生成常规缓冲区

Step1：依次单击 ArcMap 主菜单中的"*地理处理→缓冲区*"，打开**缓冲区**对话框。

Step2：在**缓冲区**对话框中将**输入要素**设置为 polygon，**输出要素类**命名为 polygonbuff1 存放在本节的 Result 文件夹下，选用**线性单位**设置**距离**，值为 100，单位未知，其他选项保持默认设置，如图 5.1.9 所示。

图 5.1.9　面要素的常规缓冲区分析设置

Step3：单击**确定**按钮，生成面要素的常规缓冲区，如图 5.1.10 所示。

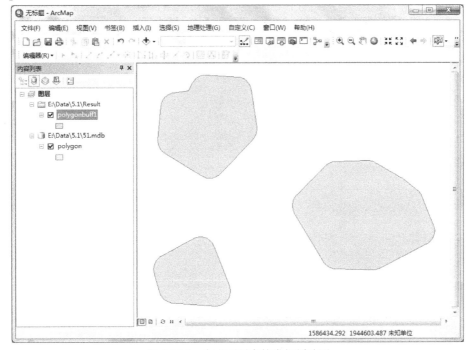

图 5.1.10　生成面要素的常规缓冲区

3．生成单边缓冲区

Step1： 依次单击 ArcMap 主菜单中的"*地理处理→缓冲区*"，打开**缓冲区**对话框。

Step2： 在**缓冲区**对话框中将**输入要素**设置为 polygon，**输出要素类**命名为 polygonbuff2 存放在本节的 Result 文件夹下，选用**线性单位**设置距离，值为 100，单位未知，**侧类型**设置为 OUTSIDE_ONLY，表示只向外侧做缓冲区，其他选项保持默认设置，如图 5.1.11 所示。

图 5.1.11　面要素的单边缓冲区分析设置

Step3： 单击**确定**按钮，生成面要素的单边缓冲区，如图 5.1.12 所示。只在面要素边界线的外侧生成缓冲区。

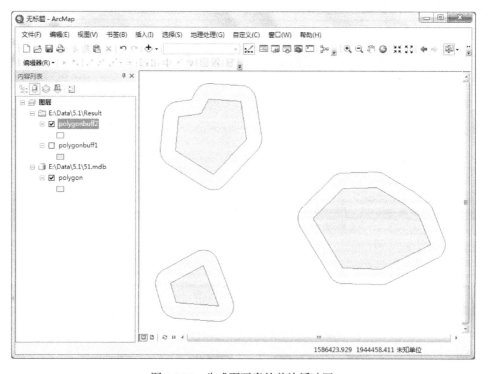

图 5.1.12　生成面要素的单边缓冲区

4．生成多环缓冲区

Step1：单击 ArcMap 标准工具条上的 ArcToolbox 工具图标 ，打开 ArcToolbox 工具箱窗口。

Step2：依次单击"*分析工具→邻域分析*"，打开邻域分析工具箱。

Step3：双击*多环缓冲区*，打开**多环缓冲区**对话框。

Step4：在**多环缓冲区**对话框中将**输入要素**设置为 polygon，**输出要素类**命名为 polygonbuff3 存放在本节的 Result 文件夹下，可设置多个用于生成缓冲区的**距离**，在距离编辑框中分别输入 30、50、100、120 作为多个缓冲区半径，每输入一个距离，单击一次添加图标。因本例数据并未设置空间参考，故将**缓冲区单位**设置为 Default。其他选项保持默认设置，如图 5.1.13 所示。

图 5.1.13　面要素的多环缓冲区分析设置

Step5：单击**确定**按钮，生成面要素的多环缓冲区，如图 5.1.14 所示。

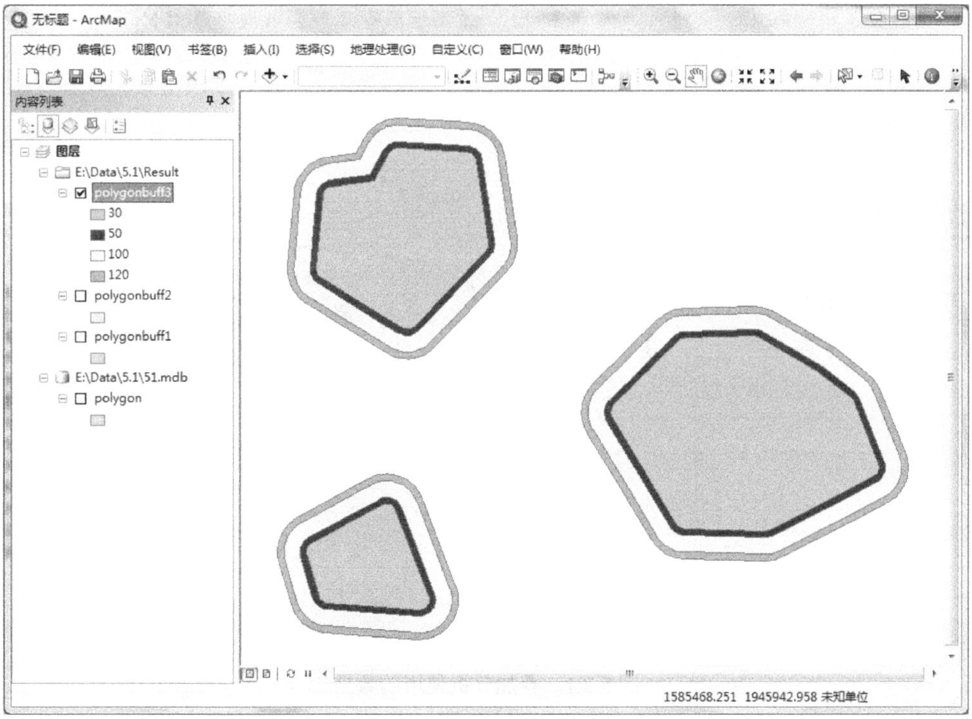

图 5.1.14　生成面要素的多环缓冲区

Tips：利用多环缓冲区工具，同样可以生成点要素和线要素的多环缓冲区。

5.2 叠加分析

叠加分析也称叠置分析，是将两个或多个图层的几何形状和属性重叠在一起，提取隐含信息的一种分析方法。

5.2.1 问题和数据分析

1．问题提出

叠加分析是 GIS 中常用的一种矢量数据分析方法，在分析的同时，不仅将不同图层中的几何图形进行叠置生成新的空间关系，而且原先参与叠置的图层相应位置的要素属性也被赋予到新的要素中。根据要素类的不同，ArcGIS 提供点与多边形的叠加、线与多边形的叠加、多边形与多边形的叠加等功能；根据生成新要素时进行的操作的不同，将叠加分析分为相交、擦除、联合、标识、交集取反、更新和空间连接，本书重点介绍前 5 种叠加分析。

2．数据准备

本节所使用的数据存放在 E:\Data\5.2 文件夹下名为 52 的地理数据库中，包含一个名为 point 的点要素类，有 8 个点要素；一个名为 polyline 的线要素类；两个分别名为 polygon1 和 polygon2 的面要素类，如图 5.2.1 所示。

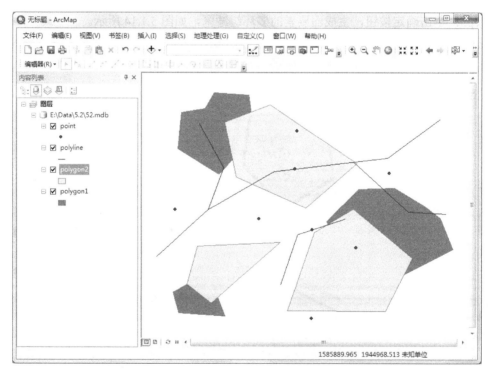

图 5.2.1　叠加分析使用的数据

5.2.2 相交

相交操作为求取两个要素类的公共部分，即两个要素类重叠的部分。对两个要素类没有顺序的要求。

1. 加载数据

Step1：启动 ArcMap。

Step2：在 ArcMap 主菜单上单击添加数据图标 ✛，将 point、polyline、polygon1 和 polygon2 四个要素类添加到内容列表和地图窗口中。

2. 点与线叠加相交

Step1：依次单击 ArcMap 主菜单中的"*地理处理→相交*"，打开**相交**对话框。

Tips：在 ArcToolbox 中同样可以调用相交工具，路径为"*ArcToolbox→分析工具→叠加分析→相交*"。

Step2：在**相交**对话框中将**输入要素**设置为 point 和 polyline，**输出要素类**命名为 pointlineinter 存放在本节的 Result 文件夹下，其他选项保持默认设置，如图 5.2.2 所示。

图 5.2.2　点与线要素叠加相交分析设置

在**相交**对话框中，**连接属性**表示输出要素类中将要保留的输入要素类的属性；**XY 容差**表示所有要素坐标之间的最小距离，本例未进行设置，表示只有当点准确落在线上时才会有求交结果；**输出类型**表示输出要素类的类型，对于包含点要素的相交操作，输出是点要素。

Step3：单击**确定**按钮，完成点要素和线要素的相交操作，获得结果点要素类 pointlineinter，如图 5.2.3 所示。图中三角形的点为两个要素类求交的结果，即有两个点符合条件。

在做叠加分析时，不仅进行了空间几何图形的叠加，而且还包括属性的叠加，即输出要素类中包含了原先参与叠加的两个要素类在该空间位置处要素的属性。图 5.2.4（a）所示为 point 要素类的属性表，图 5.2.4（b）所示为 polyline 要素类的属性表，图 5.2.4（c）所示为叠加相交分析后的 pointlineinter 要素类的属性表。可以看到 pointlineinter 要素类属性表中除新生成的唯一标识 FID 外，每条记录还包含了当前要素在 point 要素类和 polyline 要素类中相应位置的属性值。

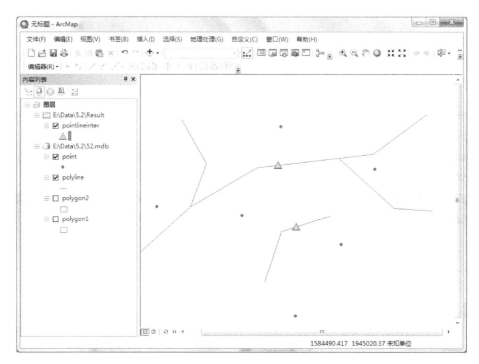

图 5.2.3　点与线要素叠加相交分析结果

（a）

（b）

（c）

图 5.2.4　点与线要素叠加相交分析前后的属性表

3. 点与多边形叠加相交

Step1：依次单击 ArcMap 主菜单中的"*地理处理→相交*"，打开**相交**对话框。

Step2：在**相交**对话框中将**输入要素**设置为 point 和 polygon1，**输出要素类**命名为 pointareainter 存放在本节的 Result 文件夹下，其他选项保持默认设置，如图 5.2.5 所示。

图 5.2.5　点与多边形要素叠加相交设置

Step3：单击**确定**按钮，完成点要素和多边形要素的相交操作，获得结果为点要素类 pointareainter，如图 5.2.6 所示。图中三角形的点为两个图层求交的结果，只有一个点符合条件。

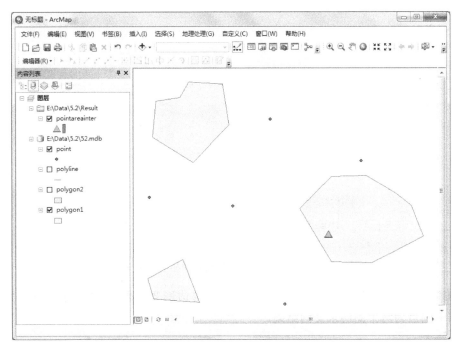

图 5.2.6　点与多边形要素叠加相交结果

4．线与多边形叠加相交

Step1：依次单击 ArcMap 主菜单中的"*地理处理→相交*"，打开**相交**对话框。

Step2：在**相交**对话框中将**输入要素**设置为 polyline 和 polygon1，**输出要素类**命名为 lineareainter 存放在本节的 Result 文件夹下，其他选项保持默认设置，如图 5.2.7 所示。

在**相交**对话框中，**输出类型**表示求交结果类型，有 3 个参数：INPUT、LINE 和 POINT。INPUT 表示结果为输入要素类的类型；LINE 表示结果为线要素类；POINT 表示结果为线要素类和面要素类的交点。

Step3：单击**确定**按钮，完成线要素和多边形要素的相交操作，获得结果为线要素类 lineareainter，如图 5.2.8 所示。图中粗线为两个图层求交的结果。

图 5.2.7　线与多边形要素叠加相交设置

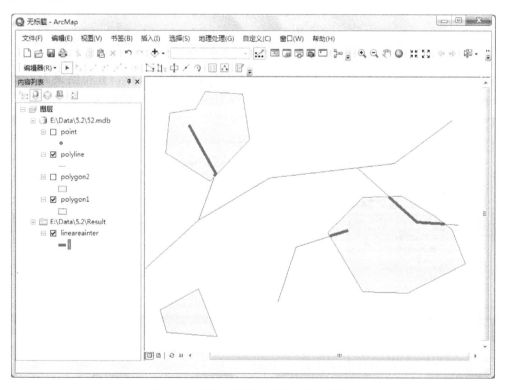

图 5.2.8　线与多边形要素叠加相交结果 1

若将**输出类型**设置为 POINT，则输出线要素和多边形要素类边界的交点，结果如图 5.2.9 所示。图中圆点为两个图层求交的结果。

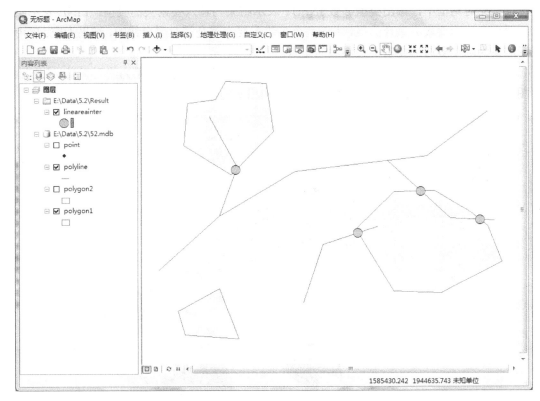

图 5.2.9　线与多边形要素叠加相交结果 2

5．多边形与多边形叠加相交

Step1：依次单击 ArcMap 主菜单中的"*地理处理→相交*"，打开**相交**对话框。

Step2：在**相交**对话框中将**输入要素**设置为 polygon1 和 polygon2，**输出要素类**命名为 area2inter 存放在本节的 Result 文件夹下，其他选项保持默认设置，如图 5.2.10 所示。

图 5.2.10　多边形与多边形要素叠加相交设置

在**相交**对话框中，**输出类型**参数 INPUT 表示结果为输入要素类的类型；LINE 表示结果为这两个多边形要素类重合的线，本例两个多边形要素类是没有重合线的，结果为空；POINT 表示结果为两个多边形要素类边界线的交点。

Step3：单击**确定**按钮，完成两个多边形要素的相交操作，获得结果为线要素类 area2inter，如图 5.2.11 所示。图中浅色区域为两个图层叠加相交的结果。

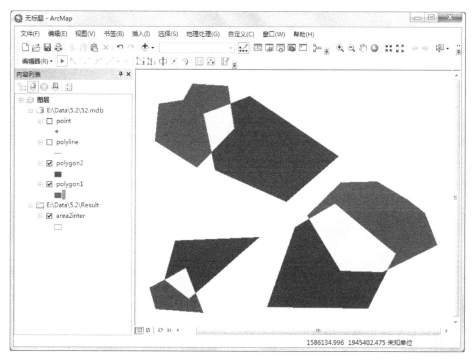

图 5.2.11　多边形与多边形要素叠加相交结果

Tips：同样，如果将输出类型设置为 LINE 或 POINT 会有不同的结果。读者可以自行尝试。

5.2.3　擦除

擦除操作是将输入要素类中和擦除要素类重叠的部分删除，类似于做减法，所以要指定输入要素类和擦除要素类，同样是两个要素类，如果输入和擦除要素类不同，所得结果可能不同。

Tips：在 ArcGIS 中，只有当擦除要素为面要素时擦除工具才有效，即在使用擦除工具时，擦除要素不能是点要素或线要素。

1．加载工具

Step1：单击 ArcMap 标准工具条上的 ArcToolbox 工具图标 ，打开 ArcToolbox 工具箱窗口。

Step2：在 ArcToolbox 工具箱中依次单击"*分析工具→叠加分析*"，打开叠加分析工具箱。

Step3：双击*擦除*，打开**擦除**对话框。

2. 点与面叠加擦除

Step1：在**擦除**对话框中将**输入要素**设置为 point，**擦除要素**设置为 polygon1，**输出要素类**命名为 pointareaerase 存储在本节的 Result 文件夹下，其他选项保持默认设置，如图 5.2.12 所示。

图 5.2.12　点与面擦除设置

Step2：单击**确定**按钮，生成擦除结果，如图 5.2.13 所示。

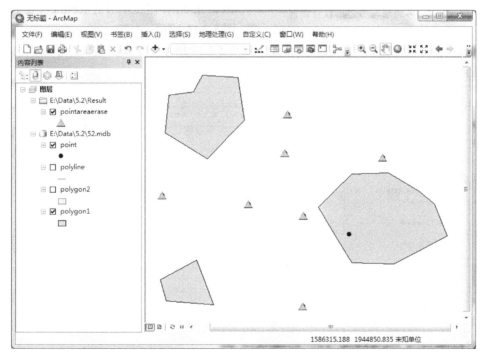

图 5.2.13　点与面擦除结果

输入要素类 point 共有 8 个点，落入面要素类 polygon1 的一个点被擦除了，结果要素类 pointareaerase 有 7 个点。

同理，线对面的擦除结果为没有落入擦除要素面内的线，面对面的擦除结果为没有落入擦除要素面内的区域。

5.2.4 联合

联合操作为求两个要素类的所有要素及其属性，相当于求并集。

图 5.2.14 多边形与多边形联合设置

Tips：在 ArcGIS 中，联合只能对面要素操作，即参与的两个要素类都是面要素。

1. 打开联合工具

Step1：在 ArcToolbox 工具箱中依次单击"*分析工具→叠加分析*"，打开叠加分析工具箱。

Step2：双击*联合*，打开**联合**对话框。

Tips：在 ArcGIS 中，也可以依次单击 ArcMap 主菜单中的"*地理处理→联合*"调用联合工具。

2. 叠加联合

Step1：在**联合**对话框中将**输入要素**设置为 polygon1、polygon2，**输出要素类**命名为 area2union 存储在本节的 Result 文件夹下，如图 5.2.14 所示。

Step2：单击**确定**按钮，生成联合结果，如图 5.2.15 所示。结果图层保存了原先两个面要素类的全部空间要素和属性。

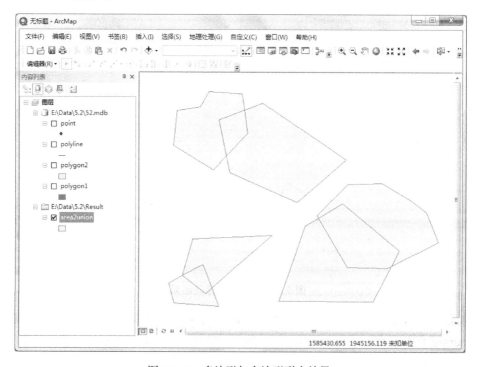

图 5.2.15 多边形与多边形联合结果

5.2.5　标识

标识操作是指计算输入要素和标识要素的几何交集，得到两个要素类的相交部分及输入要素的全部区域。即用标识要素将输入要素重新分割为新的要素。

注意：在标识操作中，输入要素可以是点、线、面要素类，标识要素必须是面要素类或与输入要素类几何类型相同的要素类。

1．打开标识工具

Step1：在 ArcToolbox 工具箱中依次单击"*分析工具→叠加分析*"，打开叠加分析工具箱。

Step2：双击*标识*，打开**标识**对话框。

2．点与面的标识

Step1：在**标识**对话框中将**输入要素**设置为 point，**标识要素**设置为 polygon1，**输出要素类**命名为 pointareaidentify 存储在本节的 Result 文件夹下，如图 5.2.16 所示。

Step2：单击**确定**按钮，求取点与面的标识，如图 5.2.17 所示。

图 5.2.16　点与面标识设置

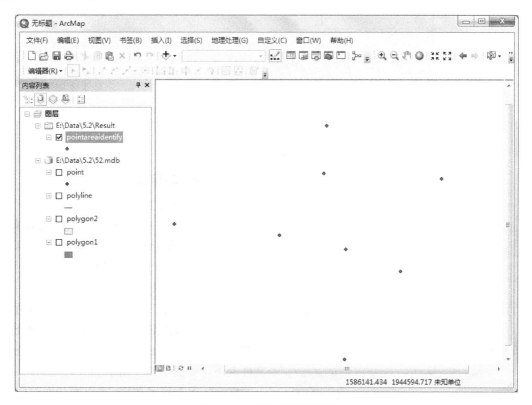

图 5.2.17　点与面标识结果

从图 5.2.17 中可以看出，pointareaidentify 和 point 要素类在几何形状和分布上没有区别，但不同的是属性，经过标识操作，落入 polygon1 的点具有了 polygon1 的属性，而没有落入

polygon1 的点在原 polygon1 的属性字段下是没有值的。图 5.2.18（a）所示为 point 要素类的属性表，图 5.2.18（b）所示为 polygon1 要素类的属性表，图 5.2.18（c）所示为 pointareaidentify 要素类的属性表。

（a）

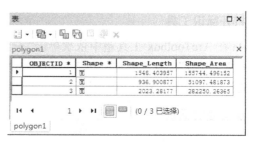

（b）

表

pointareaidentify

FID	Shape *	FID_point	width	FID_polygo	Shape_Leng	Shape_Area
0	点	4	180	-1	0	0
1	点	6	120	3	2023.28177	282250.26365
2	点	8	110	-1	0	0
3	点	3	240	-1	0	0
4	点	2	160	-1	0	0
5	点	5	130	-1	0	0
6	点	7	140	-1	0	0
7	点	1	150	-1	0	0

|◀ ◀ 　　1 ▶ ▶|　🔲🔳　(0 / 8 已选择)

pointareaidentify

（c）

图 5.2.18　点与面标识的属性表

3．面和面的标识

（1）打开标识工具。

Step1：在 ArcToolbox 工具箱中依次单击"*分析工具→叠加分析*"，打开叠加分析工具箱。

Step2：双击*标识*，打开**标识**对话框。

（2）面与面的标识。

Step1：在**标识**对话框中将**输入要素**设置为 polygon1，**标识要素**设置为 polygon2，**输出要素类**命名为 area2identify1 存储在本节的 Result 文件夹下，如图 5.2.19 所示。

Step2：单击**确定**按钮，求取面与面的标识，如图 5.2.20 所示。

图 5.2.19　面与面标识设置

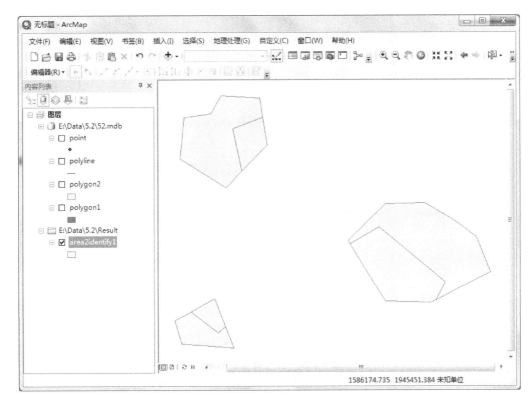

图 5.2.20　面与面标识结果 1

从结果中可以看出，从几何形状来看，保持了原先 polygon1 的形状，但被 polygon2 的边界线分割成了 6 部分，其中和 polygon2 相交部分的多边形要素具有两个面要素类的相应位置的属性，如图 5.2.21 所示。

表							
area2identify1							
FID	Shape *	FID_polygo	Shape_Leng	Shape_Area	FID_poly_1	SHAPE_Le_1	SHAPE_Ar_1
0	面	1	1548. 403957	155744. 496152	-1	0	0
1	面	2	936. 900877	51097. 481873	-1	0	0
2	面	3	2023. 28177	282250. 26365	-1	0	0
3	面	1	1548. 403957	155744. 496152	1	2142. 802821	285490. 75059
4	面	2	936. 900877	51097. 481873	2	1481. 007484	106765. 874062
5	面	3	2023. 28177	282250. 26365	3	2194. 261773	308384. 197663

I◀ ◀　1　▶ ▶I 　(0 / 6 已选择)

area2identify1

图 5.2.21　面与面标识结果的属性表 1

另外要注意的是，当两个要素类进行标识操作时，输入要素和标识要素不同所得到的结果也不同。如把面和面标识中两个要素类调换了位置，即将输入要素设置为 polygon2，将标识要素设置为 polygon1，得到的结果如图 5.2.22 所示，相应的属性表如图 5.2.23 所示。

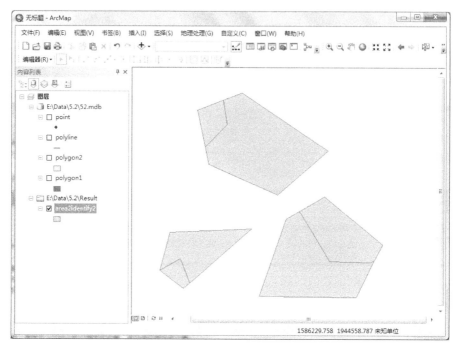

图 5.2.22　面与面标识结果 2

	FID	Shape *	FID_polygo	SHAPE_Leng	SHAPE_Area	FID_poly_1	Shape_Le_1	Shape_Ar_1
	0	面	1	2142.802821	285490.75059	-1	0	0
	1	面	2	1481.007484	106765.874062	-1	0	0
	2	面	3	2194.261773	308384.197663	-1	0	0
	3	面	1	2142.802821	285490.75059	1	1548.403957	155744.496152
	4	面	2	1481.007484	106765.874062	2	936.900877	51097.481873
	5	面	3	2194.261773	308384.197663	3	2023.28177	282250.26365

图 5.2.23　面与面标识结果的属性表 2

5.2.6　交集取反

交集取反操作相当于先对两个要素类分别进行联合操作求并集、叠加相交操作求交集，然后用联合操作结果擦除相交操作的结果。

Tips：交集取反操作要求输入要素和更新要素必须具有相同的几何类型。

1．打开交集取反工具

Step1：在 ArcToolbox 工具箱中依次单击"*分析工具→叠加分析*"，打开叠加分析工具箱。

Step2：双击*交集取反*，打开**交集取反**对话框。

2．交集取反操作

Step1：在**交集取反**对话框中将**输入要素**设置为 polygon1，**更新要素**设置为 polygon2，输出要素类命名为 area2sym1 存储在本节的 Result 文件夹下，如图 5.2.24 所示。

图 5.2.24 交集取反设置

Step2：单击**确定**按钮，进行交集取反操作，结果如图 5.2.25 所示。图中深色区域为交集取反结果，读者可以将它与图 5.2.11 进行比较，发现操作结果的区别。

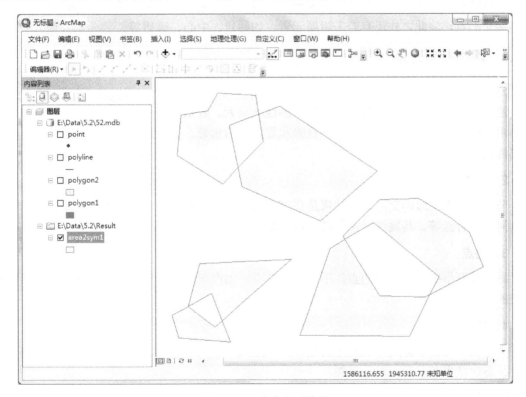

图 5.2.25 交集取反结果

点和点、线和线同样也可以利用交集取反工具获得相应的要素。在交集取反操作中也要注意要素类的顺序，同样的两个要素类参与操作，当输入要素和更新要素设置不同时，得到的结果也不同。

第6章 网络分析

对地理网络（如交通网络）、城市基础设施网络（如电力线、供排水管线、电话线等）进行建模和地理分析，是地理信息系统软件中网络分析的主要目的。网络分析的理论基础是图论和运筹学，研究和规划一项网络工程如何安排，并使其运行效果最好，其基本思想则在于人类活动总是趋向于按一定目标选择达到最佳效果的空间位置。

6.1 网络模型的建立

网络模型是一个由点、线二元关系构成的系统，是一种矢量类型的数据模型，是一个由若干线性实体互连而成的系统，资源经由网络来传输，实体间的联络也经由网络来达成。网络模型是真实世界中网络系统的抽象表示。构成网络的基本元素是上述线性实体及这些实体的连接交汇点，除此之外还有若干附属元素，如站点、中心、障碍等。

6.1.1 网络模型元素

1. 边

边也被称为链或网线，为网络模型中的线状要素。表示网络中资源流动的管线，如道路网络中的街道、河流网络中的河段、自来水管网中的水管、无线通信网络中的通信通道等。其属性状态包括阻力和需求。

2. 节点

节点指网络中边的交汇点。转弯是在节点处从一条边到另一条边的过渡，如道路十字路口、河流汇合点等。其属性状态包括转弯阻抗。

3. 站点

站点是网络中资源增减的点，不一定是节点，如汽车站、商店等。其属性状态包括需要增减的资源数量。

4. 中心

中心是网络中资源发散或汇聚的点，不一定是节点，如仓库、商业中心、发电站等。其属性状态包括资源总量、阻力限额。

5. 障碍

障碍是对资源在网络中流动起阻断作用的点，不一定是节点，如道路上堵点、塌方点、自来水管网中的破损管道处等。

ArcGIS 中的网络分为两类：网络数据集和几何网络。资源可以沿边双向流动的网络称为网络数据集，如道路交通网络；只允许资源沿边单向流动的网络称为几何网络，如公用设施网络和河流网络。

6.1.2　建立网络数据集

网络分析虽然采用的是矢量类型的数据，但由于网络数据分析的特殊性，其数据模型与常用的矢量数据模型并不相同，因此，在进行网络分析前，应利用这些矢量数据建立网络数据模型。下面以网络数据集的建立为例说明建立步骤。

1．数据准备

本节需要使用的数据为一个名为 route 的要素集，里面包含两个要素类，一个是表示道路的 road 线要素类，另一个是表示站点的 stops 点要素类，存放在 E:\Data\6.1 文件夹下的 61 地理数据库中。

2．创建网络数据集

Step1：启动 ArcCatolog。

Step2：在 ArcCatolog 目录树中右键单击 route 要素集名。

Tips: 建立网络数据集的源数据可以是线要素类，也可以是 Shapefile 线文件。如果以线要素类为源数据创建网络数据集，则只能从包含该线要素的数据集创建；Shapefile 线文件则可以直接创建网络数据集。

Step3：在弹出的菜单中依次单击"*新建→网络数据集*"，打开**新建网络数据集**对话框。

Step4：在**新建网络数据集**对话框中，将**输入网络数据集的名称**命名为 route_ND，将**选择网络数据集的版本**设置为 10.1，如图 6.1.1 所示。

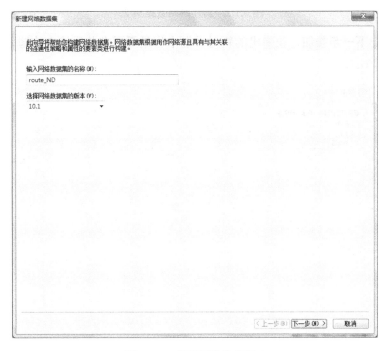

图 6.1.1　新建网络数据集 1

Tips: 保持选择网络数据集的版本为最新版本，这样有利于与使用较旧版本 ArcGIS 的用户共享网络数据集。

Step5：单击**下一步**按钮，在弹出的新对话框中勾选 road 要素类，将其作为**选择将参与到**

网络数据集中的要素类，如图 6.1.2 所示。

Tips: 可以有多个线要素类一起构建网络数据集，也可以线要素类和点要素类一起构建网络数据集。

图 6.1.2　新建网络数据集 2

Step6：单击**下一步**按钮，在弹出的新对话框中将**是否要在此网络中构建转弯模型**设置为是，如图 6.1.3 所示。

图 6.1.3　新建网络数据集 3

Step7：单击**下一步**按钮，在弹出的新对话框中设置线要素在重合端点处的连通性。单击**连通性**按钮，在打开的**连通性**对话框中勾选**端点**，将所有道路设置为在端点处相互连接，如图 6.1.4 所示。

图 6.1.4 网络数据集连通性设置

Step8：单击**确定**按钮，关闭**连通性**对话框，返回**新建网络数据集**向导，单击**下一步**按钮，进入新的对话框，对网络要素的高程进行设置。因本节实习所用的 road 要素类为简单道路，没有高架桥和隧道，所以并不包含高程字段，将**如何对网络要素的高程进行建模**设置为无，如图 6.1.5 所示。

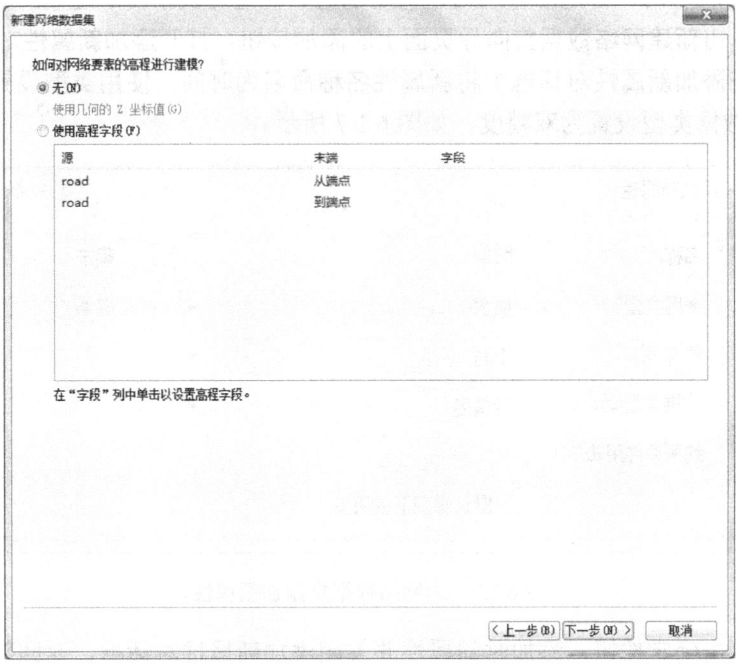

图 6.1.5 新建网络数据集 4

Step9：单击**下一步**按钮，在弹出的新对话框中将长度属性的**单位**设置为千米，如图 6.1.6 所示。

图 6.1.6　新建网络数据集 5

Tips:　长度属性前面的图标 ⏣ 表示该属性为默认属性。

Tips:　此处属性指的是网络属性，即控制网络可穿越性的网络元素的属性，如指定道路长度情况下的行驶时间、街道限行规则、街道限速、街道行驶方向限定等。

Step10：单击**新建网络数据集**向导页面上的**添加**按钮，打开**添加新属性**对话框。

Step11：在**添加新属性**对话框中将新属性**名称**命名为时间，**使用类型**设置为成本，**单位**设置为小时，**数据类型**设置为双精度，如图 6.1.7 所示。

图 6.1.7　为网络数据集添加新属性

Step12：单击**确定**按钮，添加时间属性并关闭**添加新属性**对话框，返回**新建网络数据集**对话框，如图 6.1.8 所示。

图 6.1.8　为网络数据集添加了时间属性

Step13：这时新添加的**时间**属性前面有黄色的警告图标 ⚠，这是因为还没有对该属性的类型和值进行设置。双击黄色的警示标志，打开**赋值器**对话框。

Tips：*也可以通过单击对话框中的赋值器按钮打开赋值器对话框。*

Step14：在**赋值器**对话框中将 road 两个方向的**类型**都设置为字段，**值**设置为 UseTime，如图 6.1.9 所示。

图 6.1.9　为时间属性赋值

Step15：单击**确定**按钮，完成为时间属性赋值并关闭**赋值器**对话框，返回**新建网络数据集**向导。单击**下一步**按钮，进入出行模式设定页面。

Step16：因本章的分析操作中不涉及出行模式的设置，故不做任何设置，如图 6.1.10 所示。单击**下一步**按钮，进入行驶方向设定页面。

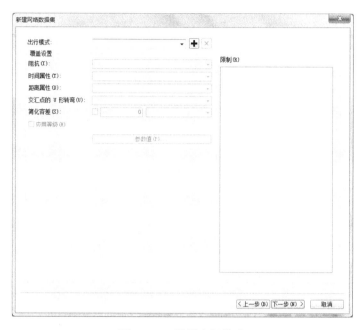

图 6.1.10　设置出行模式

Step17：因本章的分析操作中不涉及行驶方向的设置，故选中否不为此网络数据集建立行驶方向，如图 6.1.11 所示。

图 6.1.11　设置行驶方向

Step18：单击**下一步**按钮，显示新建网络数据集的摘要信息，如图 6.1.12 所示，单击**完**

成按钮，完成网络数据集 route_ND 的建立。

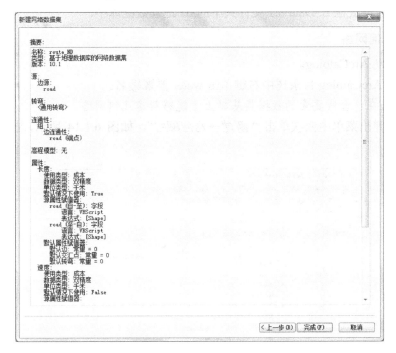

图 6.1.12　建立的网络数据集的摘要信息

Step19：构建过程中会弹出提示窗口，如图 6.1.13 所示，单击**是**按钮立即开始构建。

图 6.1.13　构建网络数据集提示

Step20：新构建的网络数据集 road_ND 及交汇点要素类 road_ND_Junctions 已经添加到 route 要素集中了。

6.1.3　建立几何网络

在 ArcGIS 中，虽然同为网络类型的数据，但针对不同的应用需求，几何网络的数据模型与网络数据集的数据模型不同。几何网络与网络数据集最大的区别就是，网络数据集中的资源可以沿边双向流动，而几何网络中的资源只能单向流动。除此之外，网络数据集里的边可以有高程的不同，而几何网络中同一个网络都是相同高程的。因此，一般针对道路交通方面的网络应用选用网络数据集建立数据模型，对公用设施网络和基础设施网络，如供水、输电、煤气、电信以及自然界中的河流可以使用几何网络建立数据模型。

1．数据准备

本节需要使用的数据为一个名为 water 的要素集，里面包含一个表示自来水供水主管网分布的线要素类 main、一个表示自来水供水支管分布的线要素类 lateral、一个表示水源的点要素类 factory，存放在 E:\Data\6.1 文件夹下的 61 地理数据库中。

2. 创建几何网络

Step1：启动 ArcCatolog。

Step2：在 ArcCatolog 目录树中右键单击 water 要素集名。

Tips：只有在包含线要素的数据集基础上才能够新建几何网络。

Step3：在弹出菜单中依次单击"*新建→几何网络*"，如图 6.1.14 所示，打开**新建几何网络**对话框。

图 6.1.14　新建几何网络

Step4：在**新建几何网络**第一步对话框中，浏览几何网络的相关提示，如图 6.1.15 所示。也可以勾选窗口中的**以后跳过此屏幕**避免以后创建几何网络时打开这个对话框。单击**下一步**按钮，进入新建几何网络第二步对话框。

Step5：在**新建几何网络**第二步对话框中，**将输入几何网络的名称**命名为 water_Net，其他选项保持默认设置，如图 6.1.16 所示。单击**下一步**按钮进入新建几何网络第三步。

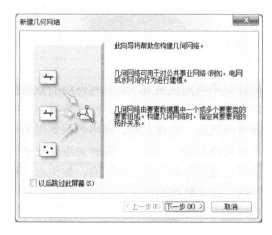

图 6.1.15　新建几何网络第一步

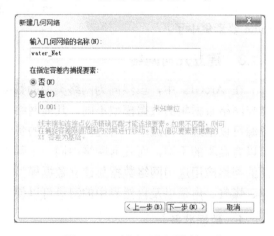

图 6.1.16　新建几何网络第二步

Step6：在**新建几何网络**第三步对话框中，单击**全选**按钮勾选 factory 点要素类、lateral 线要素类和 main 线要素类，表示这 3 个要素类参与新建几何网络，如图 6.1.17 所示。单击**下一步**按钮进入新建几何网络第四步。

Step7：在**新建几何网络**第四步对话框中，选择**否**选项使所有要素都参与创建几何网络，如图 6.1.18 所示。单击**下一步**按钮进入新建几何网络第五步。

图 6.1.17　新建几何网络第三步

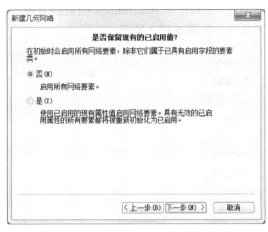

图 6.1.18　新建几何网络第四步

Step8：在**新建几何网络**第五步对话框中，将 factory 的**源和汇**选项设置为是，将 main 的**角色**选项设置为复杂边，其他选项保持默认设置，如图 6.1.19 所示。单击**下一步**按钮进入新建几何网络第六步。

在几何网络中有两种类型的边：简单边和复杂边。简单边只允许资源从边的一端进入、从边的另一端退出，而不能从边上的中间点退出。例如，在供水管网网络中，通到各户的支管道是简单边。复杂边不仅允许资源从边的一端流向另外一端，而且允许资源在边的中间某处抽取资源。例如，供水管网网络中的主管道是复杂边。

Step9：在**新建几何网络**第六步对话框中，系统提示设置网络中边的权重。一般根据具体应用类型按照边的实际情况进行设置。本例中不进行设置，故不做任何操作，如图 6.1.20 所示。单击**下一步**按钮进入新建几何网络第七步。

图 6.1.19　新建几何网络第五步

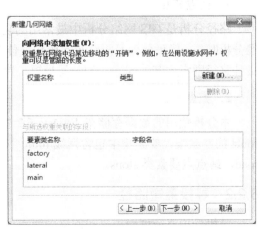

图 6.1.20　新建几何网络第六步

Step10：在**新建几何网络**第七步对话框中，显示了新建的几何网络的摘要信息，供用户浏览，如图 6.1.21 所示，用户若发现有错误或遗漏可以逐步返回对应的设置页面进行修改。单击**完成**按钮完成新建几何网络。water 要素集中除了原有的 3 个要素类外，还会增加一个名为 water_Net 的几何网络和一个名为 water_Net_Junctions 的点要素类。

在 ArcGIS 中，除了在 ArcCatalog 中可以创建几何网络外，还可以利用 ArcToolbox 的工具创建。工具位于 ArcToolbox 的数据管理工具工具箱下的几何网络工具集中的创建几何网络工具中，如图 6.1.22 所示。

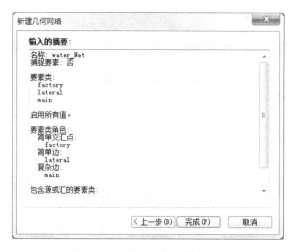

图 6.1.21 新建几何网络第七步

图 6.1.22 ArcToolbox 中的创建几何网络工具

构建好几何网络、设置好网络流向后，用户即可利用相关工具进行公共祖先追踪分析、网络连接要素分析、网络环境分析、网络中断要素分析、网络上溯路径分析、网络路径分析，以及网络下溯追踪、网络上溯累积追踪和网络上溯追踪等具体分析。

6.2 路径分析

6.2.1 问题和数据分析

1. 问题提出

路径分析是 GIS 网络分析中最常用的功能，尤其是在导航 GIS 中。在对交通网络进行路径分析时，一般可分为最短路径问题和最佳路径问题，其中最短路径通常指总通行距离最短，最佳路径则考虑其他因素，如时间最短、费用最少等。

2. 数据准备

本分析使用的数据存储在 E:\Data\6.2 文件夹下名为 62 的地理数据库中，包含一个名为 route 的要素集，要素集中包含网线 route_ND，网络节点 route_ND_Junctions；道路线要素类 road，站点点要素类 stops。

6.2.2 寻找最短路径

寻找最短路径可用于寻找网络中两点或多点间的距离最短路径。

1. 添加数据

Step1：启动 ArcMap。

Step2：在 ArcMap 主菜单上单击添加数据图标 ✛，将 route 要素集添加到内容列表和地图视图中，在内容列表中反勾选 route_ND_Junctions 图层和 road 图层以使其不可见，这样有利于浏览地图，如图 6.2.1 所示。

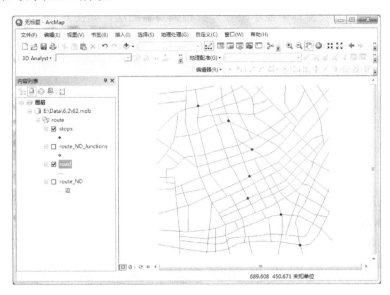

图 6.2.1　添加网络分析相关数据集

2. 激活 ArcGIS Network Analyst 扩展模块

Step1：依次单击 ArcMap 主菜单上的"*自定义→扩展模块*"。

Step2：在打开的**扩展模块**对话框中选中 Network Analyst，如图 6.2.2 所示。

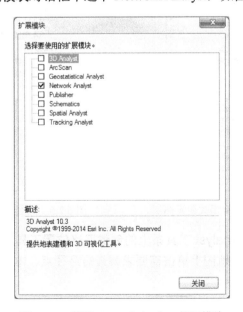

图 6.2.2　激活 Network Analyst 扩展模块

Step3：单击**关闭**按钮关闭**扩展模块**对话框。

Step4：在 ArcMap 主菜单空白处右键单击，在弹出的菜单中选择 Network Analyst，将网络分析工具条添加到工具栏中。

3．基于图形选择的最短路径

Step1：在 Network Analyst 工具条中依次单击"*Network Analyst→新建路径*"，如图 6.2.3 所示，同时，在内容列表窗口中显示路径分析相关要素图层，如图 6.2.4 所示。

图 6.2.3　激活 Network Analyst 扩展模块

Step2：单击 Network Analyst 工具条上的 Network Analyst 窗口图标，将包含路径分析设置的 Network Analyst 窗口加载到界面中。

Step3：在 Network Analyst 窗口中单击停靠点（0），如图 6.2.5 所示，表示当前要添加的网络要素为停靠点。

图 6.2.4　路径分析相关要素图层　　　图 6.2.5　路径分析设置窗口

Step4：单击 Network Analyst 工具条上的**创建网络位置工具**图标，鼠标指针变为十字丝加一面小旗子，用鼠标在地图上单击需要求解最短路径点，本次操作共添加了 4 个点，如图 6.2.6 所示。

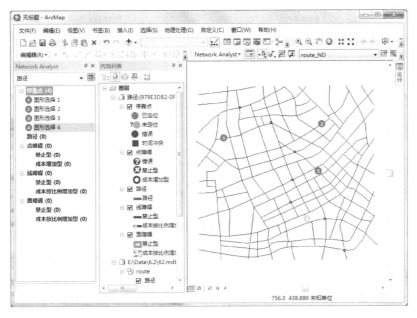

图 6.2.6　添加停靠点

Step5：单击 Network Analyst 工具条上的**求解**图标，执行最短路径分析，求解经过 4 个点的最短路径并将其显示在地图视图上，如图 6.2.7 所示。

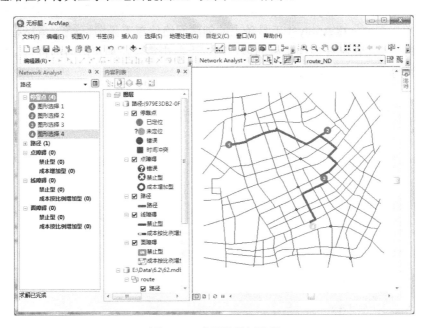

图 6.2.7　求解的最短路径

Step6：右键单击 Network Analyst 窗口中的路径（1）图层名，在弹出菜单中单击*导出数据*，打开**导出数据**对话框。

Step7：在**导出数据**对话框中将**导出内容**设置为所有要素，将**使用与以下选项相同的坐标系**设置为此图层的源数据，将输出要素的**名称**命名为 Route1，**保存类型**设置为 Shapefile，保存在本节的 Result 文件夹中，如图 6.2.8 所示。

图 6.2.8　导出最短路径设置

Tips：除了 Shapefile 格式外，导出的路径也可以保存为文件和个人地理数据库要素类，但前提是存放在地理数据库中。本节的操作是存放在一个文件夹下而非地理数据库中，故只能保存为 Shapefile 类型的。

Step8：单击**确定**按钮，完成数据导出。

4．求解添加点障碍的最短路径

障碍点表示当前所在位置无法通行。

Step1：在 Network Analyst 窗口中单击点障碍（0），表示当前要添加的网络要素为点障碍。

Step2：单击 Network Analyst 工具条上的**创建网络位置工具**图标　，鼠标指针变为十字丝加一面小旗子，用鼠标在前面求解的最短路径上单击需要添加点障碍的位置，本次操作添加了一个点障碍，如图 6.2.9 所示。

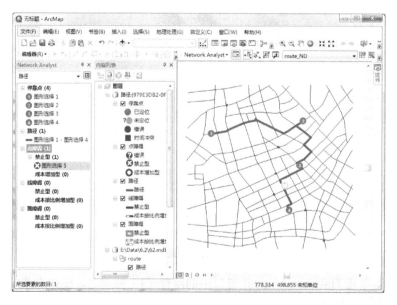

图 6.2.9　添加点障碍

Step3：单击 Network Analyst 工具条上的**求解**图标　，执行有障碍点的最短路径分析，求解添加点障碍后经过 4 个点的最短路径并将其显示在地图上，如图 6.2.10 所示。

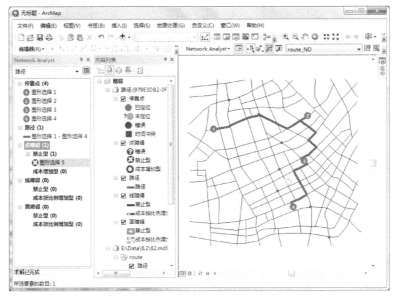

图 6.2.10　添加点障碍后的最短路径

Tips: 使用同样的操作方法，读者可以自行添加线障碍和面障碍，看看求解路径结果如何。

5．基于点要素类的最短路径

进行此项操作前将前面添加的停靠点、点障碍和求解路径等都清空，以保证 Network Analyst 窗口中的要素都为 0。

Step1：在 Network Analyst 窗口中右键单击停靠点（4）图层名，在弹出菜单中单击*全部删除*，将前次分析中设置的 4 个停靠点全部删除，如图 6.2.11 所示。按照上述操作逐一清除之前路径求解操作的所有要素，包括停靠点、路径、点障碍、线障碍和面障碍。

Step2：右键单击 Network Analyst 窗口中的停靠点（0），在弹出菜单中单击*加载位置*，如图 6.2.12 所示，打开**加载位置**对话框。

图 6.2.11　清除前次分析要素

图 6.2.12　加载位置

Tips: 除了可以用鼠标手动添加停靠点外，也可以将已有点要素类中的点作为停靠点求解最短路径。

Step3：在**加载位置**对话框中将**加载自**设置为 stops 要素类，其他选项保持默认设置，如图 6.2.13 所示。

图 6.2.13　加载点要素类作为停靠点

Step4：单击**确定**按钮完成加载位置，stops 要素类中的 7 个点就都被加载为停靠点，并显示在 Network Analyst 窗口中了。

思考：如果只需要将 stops 要素类中的部分点（如 3 个点）作为停靠点，应该怎么操作？

Step5：单击 Network Analyst 工具条上的**求解**图标，执行最短路径分析，求解经过 7 个停靠点的最短路径并将其显示在地图上，如图 6.2.14 所示。

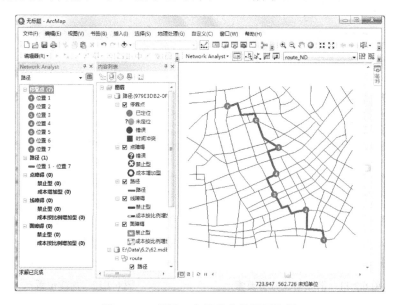

图 6.2.14　经过 7 个停靠点的最短路径

6. 基于点要素类中部分点的最短路径

进行此项操作前将上一次添加的停靠点和求解路径都删除，清除 Network Analyst 窗口中的所有要素，包括停靠点、路径、点障碍、线障碍和面障碍。

假如需要求解 stops 要素类中的点 1、3、4、5、7 这 4 个点的最短路径，有两种途径：一种是先在 stops 要素类中将要进行最短路径求解的点选中求解；另一种是全部加入，再删除不要的点。以第二种为例的操作步骤如下。

Step1：右键单击 Network Analyst 窗口中的停靠点（0），在弹出的菜单中单击*加载位置*，打开**加载位置**对话框。

Step2：在**加载位置**对话框中将**加载自**设置为 stops 要素类，其他选项保持默认设置，单击**确定**按钮完成加载位置并关闭**加载位置**对话框。

Step3：右键单击 Network Analyst 窗口中停靠点（7）下的位置 2，在弹出菜单中单击*删除*，如图 6.2.15 所示，将 2 号点删除。

Step4：重复 Step3 的操作，将 6 号点删除，删除 2 号点和 6 号点后的结果如图 6.2.16 所示。

图 6.2.15　删除已加载的停靠点

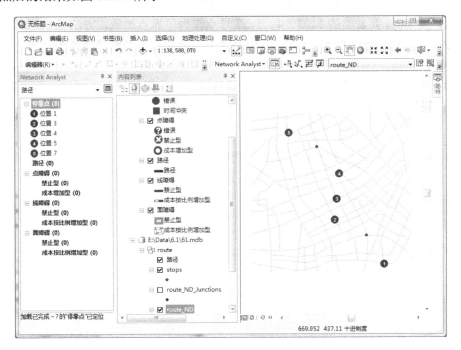

图 6.2.16　删除已加载停靠点后的地图

Step5：单击 Network Analyst 工具条上的**求解**图标，执行最短路径分析，求解经过 5 个点的最短路径并将其显示在地图上，如图 6.2.17 所示。

Tips：同样，点障碍、线障碍和面障碍都可以通过加载要素类来添加。

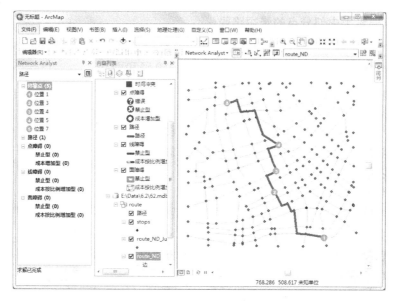

图 6.2.17　经过 5 个停靠点的最短路径

6.2.3　寻找最佳路径

最佳有不同的评判标准，如时间最短、费用最少等。无论用哪种标准评判最佳路径，都必须在网络数据集中存储对应该指标的属性。本节分析中取通行时间最短的路径为最佳路径。

Step1：将 stops 要素类的 1、3、4、5、7 号点作为停靠点加载，方法见 6.2.2 节。

Step2：单击 Network Analyst 对话框中路径下拉箭头右侧的**路径属性**图标 ，打开**图层属性**对话框。

Step3：在**图层属性**对话框中单击**分析设置**选项卡，将**阻抗**设置为时间（小时），其他选项保持默认设置，如图 6.2.18 所示。

图 6.2.18　最佳路径分析时的阻抗设置

Tips: 因为所使用的数据没有历史通行流量数据，所以不设置使用开始时间。

Step4：单击**确定**按钮，完成分析设置并关闭**图层属性**对话框。

Step5：单击 Network Analyst 工具条上的**求解**图标，执行最佳路径分析，求解经过 5 个停靠点的时间最短的最佳路径并将其显示在地图上，如图 6.2.19 所示。

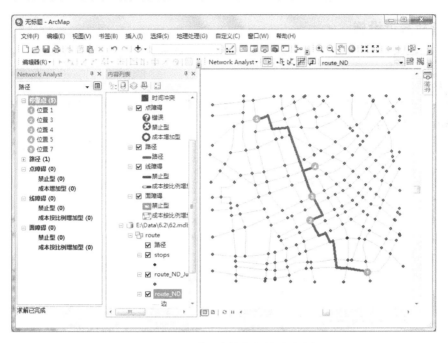

图 6.2.19　经过 5 个停靠点的最佳路径

将图 6.2.19 所示的最佳路径分析结果与图 6.2.17 所示的最短路径分析结果进行比较不难发现，同样是这 5 个点，求解的最短路径和时间最短路径是不同的。

Tips: 在最佳路径的求解中也可以设置点障碍、线障碍或面障碍。

6.3　寻找最近设施

6.3.1　问题和数据分析

1. 问题提出

寻找最近设施主要用于查找距离某个事件点最近的指定数目个设施点，并设计到达这些设施的最近路线。例如，对于火灾事件来说，最近设施是指最近的消防栓；对于求医事件来说，最近设施是指最近的医院；而对于购物事件来说，最近设施是指距最近的零售店或超市。

根据需要，最近设施可以是一个或多个。在寻找最近设施时，路线的行进方向可以是从事件到设施，也可以是从设施到事件。例如，家庭主妇要到最近的商店购物，路线的行进方向是从家到该商店。当要为一处火灾事件地点找到能够最快到达的消防站时，此时的行进方向是从消防站到火灾事件现场。因为交通方式、行驶速度、单行线及禁止转弯等因素的影响，路线行进方向不同，最近设施的位置将会有重要的差别。

最近设施分析涉及两类点要素：一类为满足需求的设施点，如加油站、急救中心；另一类是提出需求的事件点，如需要加油的车所在位置、需要救治的病人所在位置。

2．数据准备

本节分析使用的数据存储在 E:\Data\6.3 文件夹下的 63 地理数据库中的 Nearest 要素集内，其中 Nearest_ND 为网线，Nearest_ND_Junctions 为网络节点；road 为道路线要素类，event 为事件点要素类，fire_station 为设施点要素类。

6.3.2 查找最近设施

1．添加数据

Step1：启动 ArcMap。

Step2：在 ArcMap 主菜单上单击**添加数据**图标 ✚，将 Nearest 要素集添加到内容列表和地图视图中，如图 6.3.1 所示。

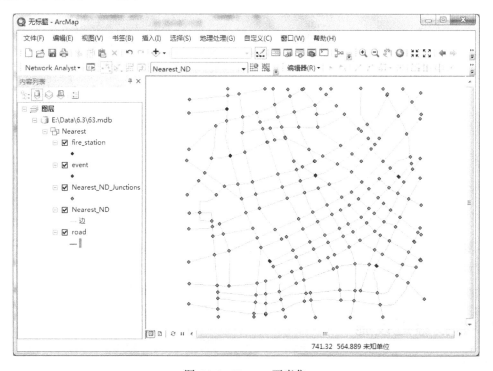

图 6.3.1　Nearest 要素集

2．查找最近的一个设施点

Step1：依次单击 Network Analyst 工具条上的"*Network Analyst→新建最近设施点*"菜单，在**内容列表**窗口中显示最近设施点分析相关要素图层，如图 6.3.2 所示。

Step2：单击 Network Analyst 工具条上的**窗口图标** ，将包含最近设施分析设置的 Network Analyst 窗口加载到界面中，如图 6.3.3 所示。

Step3：右键单击 Network Analyst 窗口中的设施点（0）图层名，在弹出菜单中单击*加载位置*，打开**加载位置**对话框。

Step4：在**加载位置**对话框中将**加载自**设置为 fire_station 图层，其他选项保持默认设置，如图 6.3.4 所示。

图 6.3.2　最近设施分析相关要素图层

图 6.3.3　最近设施点分析设置窗口

图 6.3.4　加载设施点设置

Step5：单击**确定**按钮完成加载设施点并关闭**加载位置**对话框，加载的 5 个设施点用圆形符号表示，如图 6.3.5 所示。

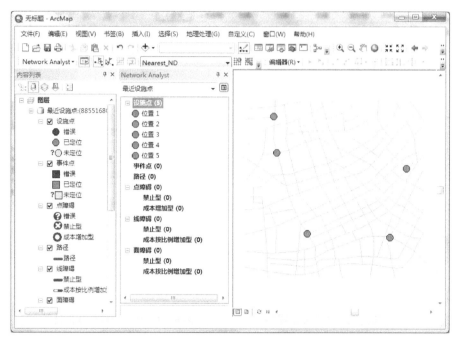

图 6.3.5　加载的设施点

Step6：右键单击 Network Analyst 窗口中的事件点（0）图层名，在弹出菜单中单击*加载位置*，打开**加载位置**对话框。

Step7：在**加载位置**对话框中将**加载自**设置为 event 图层，其他选项保持默认设置。

Step8：单击**确定**按钮完成加载事件点并关闭**加载位置**对话框，加载的 1 个事件点用正方形符号表示，如图 6.3.6 所示。

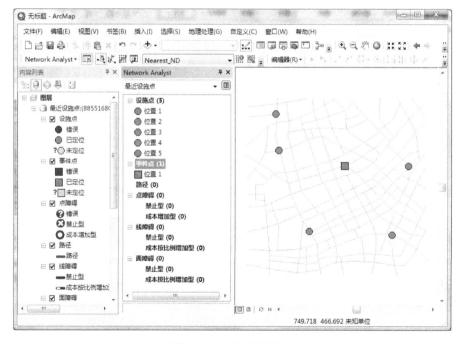

图 6.3.6　加载的事件点

Step9：单击 Network Analyst 工具条上的**求解**图标，执行查找最近设施分析，求解距离事件点最近的一个设施点并将通行路线显示在地图上，如图 6.3.7 所示。

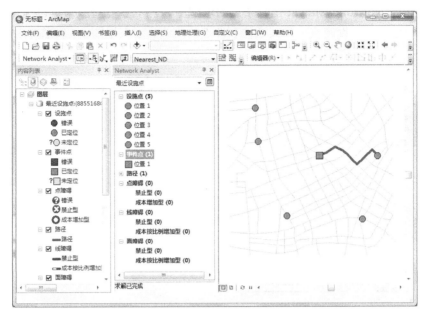

图 6.3.7 求解的距离事件点最近的设施点及路线

3．查找最近的多个设施点

Step1：单击 Network Analyst 窗口中最近设施点下拉箭头右侧的**最近设施点属性**图标，打开**图层属性**对话框。

Step2：在**图层属性**对话框中单击**分析设置**选项卡，将**阻抗**设置为长度，将**要查找的设施点**设置为 3，表示查找最近的 3 个设施点，如图 6.3.8 所示。

图 6.3.8 查找最近设施点设置

Tips：因为本节使用的数据没有设置空间参考，故阻抗中长度的设置中没有单位。

Step3：单击**确定**按钮完成分析设置并关闭**图层属性**对话框。

Step4：单击 Network Analyst 工具条上的**求解**图标，执行查找最近设施点分析，求解距离事件点最近的 3 个设施点并将其通往事件点的路线显示在地图上，如图 6.3.9 所示。

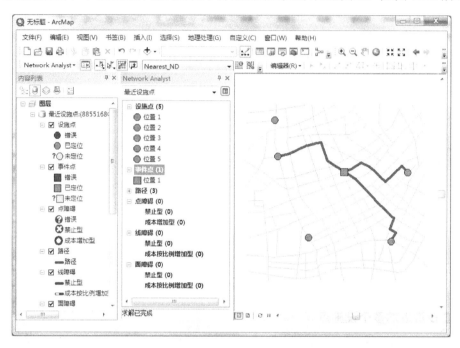

图 6.3.9　距离事件点最近的 3 个设施点

同 6.2 节的操作一样，读者可以通过点要素类添加设施点和事件点，也可以手动添加设施点和事件点。同样在最近设施分析中也可以设置障碍，可以寻找最佳路径中最近的设施，如时间最快设施、油耗最小设施，当然前提是在网络数据集中进行相关设置。

6.4　创建服务区域

6.4.1　问题和数据分析

1．问题提出

创建服务区域是在一个网络系统中确定一个或多个设施点的服务区域和服务网络，并显示在视图中。通过创建服务区域可以确定设施点服务区域范围内包含多少服务对象。例如，在道路网络数据集中布设零售店、超市、饭店、游乐场或娱乐中心，根据其服务能力确定服务区范围，再结合服务区内的社会、经济数据对选址进行评估，为确定经营方向和营销策略提供依据。

在创建服务区的基础上，可以评估可达性。可达性是指到达某一地点的难易程度，可用到达该地点所需的行驶时间、距离或人数来评估。例如，一家零售商店，在步行 1km 的范围内，可能居住的顾客数目；一家饭店，在其 20min 的行车时间范围内，可能有的顾客数目等。

在创建服务区时，必须指定行进方向，如从设施点到周围地区或从周围地区到设施点。因为交通方式、行驶速度、单行线及禁止转弯等因素的影响，路线行进方向不同，服务区域将会不同。

2．数据准备

本节分析使用的数据存储在 E:\Data\6.4 文件夹下的 64 地理数据库中的 ServiceArea 要素集内，其中 ServiceArea_ND 为网线，ServiceArea_ND_Junctions 为网络节点，road 为道路线要素类、site 为设施点要素类。

6.4.2　建立服务区域

1．添加数据

Step1：启动 ArcMap。

Step2：在 ArcMap 主菜单上单击添加数据图标 ✛，将 ServiceArea 要素集添加到内容列表和地图视图中，如图 6.4.1 所示。

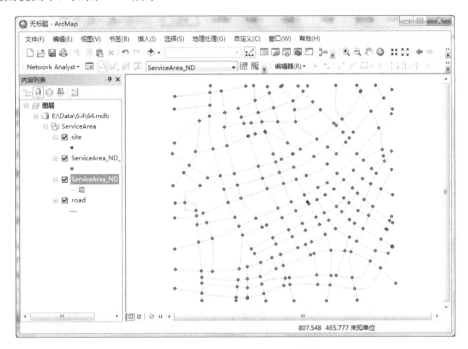

图 6.4.1　添加 ServiceArea 要素集

2．求解服务区

Step1：依次单击 Network Analyst 工具条的"*Network Analyst→新建服务区*"菜单，在**内容列表**窗口中显示服务区分析相关要素图层，如图 6.4.2 所示。

Step2：单击 Network Analyst 工具条上的**窗口图标** ，将包含服务区分析设置的 Network Analyst 窗口加载到界面中，如图 6.4.3 所示。

Step3：右键单击 Network Analyst 窗口中的设施点（0）图层名，在弹出菜单中单击*加载位置*，打开**加载位置**对话框。

Step4：在**加载位置**对话框中将**加载自**设置为 site，其他选项保持默认设置，如图 6.4.4 所示。

图 6.4.2 服务区分析相关要素图层

图 6.4.3 服务区分析设置窗口

图 6.4.4 加载设施点设置

Step5：单击**确定**按钮完成设施点加载并关闭**加载位置**对话框，加载的设施点以圆形符号表示，如图 6.4.5 所示。

本例中是要基于距离计算服务区的，将对设施点进行两类服务区的计算，这两类服务区是网络路径分别为 5km 和 8km 的服务区。

Step6：单击 Network Analyst 窗口中服务区下拉箭头右侧的**服务区属性**图标，打开**图层属性**对话框。

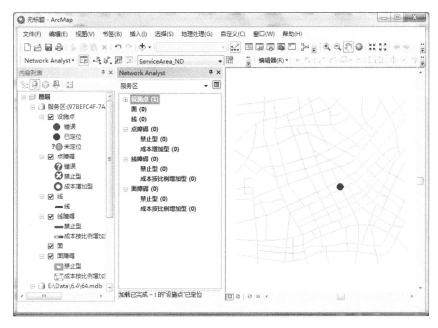

图 6.4.5　加载的设施点

Step7：在**图层属性**对话框中单击**分析设置**选项卡，将阻抗设置为长度，在**默认中断**文本框中输入 5,8，其他选项保持默认设置，如图 6.4.6 所示。

图 6.4.6　服务区分析属性设置

Step8：单击**确定**按钮，完成分析设置并关闭**图层属性**对话框。

Step9：单击 Network Analyst 工具条上的**求解**图标 ，执行创建服务区分析，求解设施点的两类不同服务距离的服务区，分别是距离 5km 和 8km 的服务区，并将其显示在地图上，如

图 6.4.7 所示。

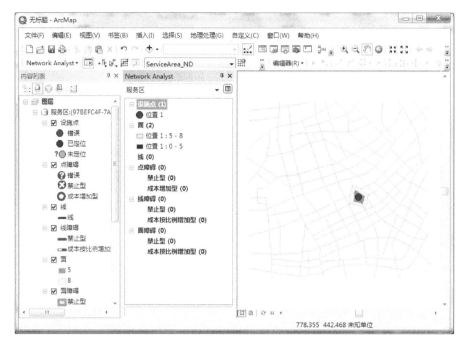

图 6.4.7   设施点的网络路径服务区

6.5   位置分配

6.5.1   问题和数据分析

1．问题提出

位置分配通过目标和约束集解决供需匹配问题。在 ArcGIS 中，位置分配就是在定位设施点的同时将请求点分配给设施点的双重问题。但对于不同的设施，需求不同，最佳位置并不相同。例如，急救中心设施点的布设要求在规定的时间内可以到达的事件点尽可能多；学校设施点的布设要求在设施点服务范围内所有事件点上的学生总行程最小。前者属于最大覆盖问题，后者属于最小阻抗问题。

本节需要解决的问题是，查看以距离最短为标准时，每个邮局能够服务到的小区；查看当邮局服务能力有限时，如果只能服务路程 40km 范围内的人口，有多少小区能够得到服务。

2．数据准备

本节分析使用的数据存储在 E:\Data\6.5 文件夹下的 65 地理数据库中的 Location 要素集内，其中 Location_ND 为网线，Location_ND_Junctions 为网络节点，road 为道路线要素类，表示研究区内道路分布；customers 为需求点要素类，表示研究区内小区人口重心；Postoffices 为设施点要素类，表示现有邮局在研究区内的分布。

6.5.2   建立位置分配

1．添加数据

Step1：启动 ArcMap。

Step2：在 ArcMap 主菜单上单击添加**数据**图标 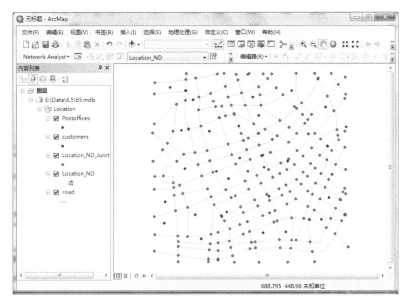，将 Location 要素集添加到内容列表和地图视图中，如图 6.5.1 所示。

图 6.5.1　加载 Location 要素集

2.　创建位置分配分析图层

Step1：依次单击 Network Analyst 工具条上的"*Network Analyst→新建位置分配*"菜单，在**内容列表**窗口中显示位置分配分析相关要素图层，如图 6.5.2 所示。

Step2：单击 Network Analyst 工具条上的**窗口**图标 ，将包含位置分配分析设置的 Network Analyst 窗口加载到界面中，如图 6.5.3 所示。

图 6.5.2　位置分配分析相关要素图层

图 6.5.3　位置分配分析设置窗口

Step3：右键单击 Network Analyst 窗口中的设施点（0）图层名，在弹出菜单中单击*加载位置*，打开**加载位置**对话框。

Step4：在**加载位置**对话框中将**加载自**设置为 Postoffices 要素类，其他选项保持默认设置，如图 6.5.4 所示。

图 6.5.4　加载邮局设施点设置

Step5：单击**确定**按钮完成设施点加载并关闭**加载位置**对话框，共有 5 个设施点，以方框符号表示，如图 6.5.5 所示。

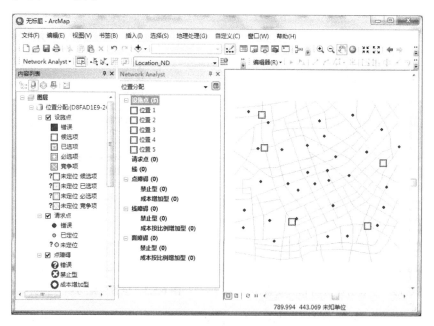

图 6.5.5　加载的邮局设施点

Step6：右键单击 Network Analyst 窗口中的请求点（0）图层名，在弹出的菜单中单击*加载位置*，打开**加载位置**对话框。

Step7：在**加载位置**对话框中将**加载自**设置为 customers，其他选项保持默认设置。

Step8：单击**确定**按钮完成请求点加载并关闭**加载位置**对话框，共有 31 个居民地被设置为请求点，以圆点符号表示，如图 6.5.6 所示。

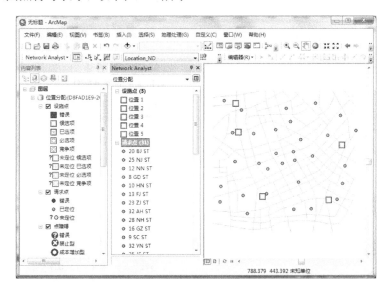

图 6.5.6　加载的居民地请求点

3．求解每个设施服务的请求点

Step1：单击 Network Analyst 窗口中位置分配下拉箭头右侧的**位置分配属性**图标，打开**图层属性**对话框。

Step2：在**图层属性**对话框中单击**分析设置**选项卡，在**分析设置**选项卡中将**阻抗**设置为长度（千米），其他选项保持默认设置，如图 6.5.7 所示。

图 6.5.7　求解设施请求点的分析设置

Step3：单击**高级设置**选项卡，将**问题类型**设置为最小化阻抗，**要选择的设施点**设置为5，表示5个邮局都参与位置分配分析，其他选项保持默认设置，如图6.5.8所示。

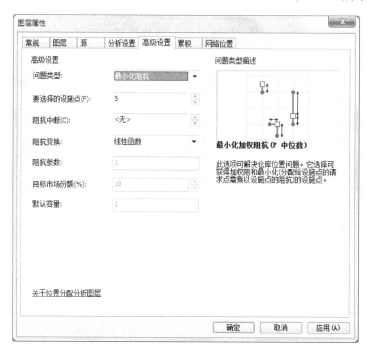

图6.5.8　求解设施请求点的高级设置

思考：如果选择少于5个邮局点作为设施点，如只考察其中3个邮局，应该怎样设置？

Step4：单击**确定**按钮完成分析设置和高级设置并关闭**图层属性**对话框。

Step5：单击 Network Analyst 工具条上的**求解**图标 ，执行位置分配分析，求解每个邮局设施点服务的居民小区请求点，每个邮局服务的小区中间以直线相连，如图6.5.9所示。

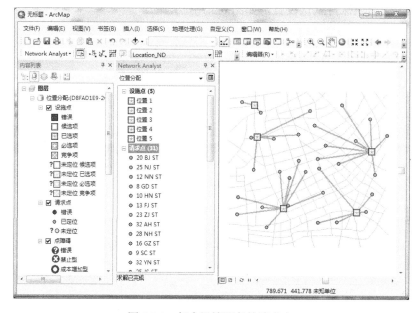

图6.5.9　每个设施服务的请求点

4．求解设施点服务能力受限时服务的请求点

Step1：单击 Network Analyst 窗口中位置分配下拉箭头右侧的**位置分配属性**图标▣，打开**图层属性**对话框。

Step2：在**图层属性**对话框中单击**分析设置**选项卡，在**分析设置**选项卡中将**阻抗**设置为长度（千米），其他选项保持默认设置。

Step3：单击**高级设置**选项卡，将问题类型设置为最小化阻抗，**要选择的设施点**设置为 5 个，**阻抗中断**设置为 40，其他选项保持默认设置，如图 6.5.10 所示。

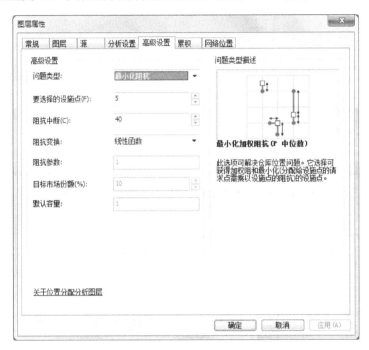

图 6.5.10　求解受限设施请求点的高级设置

Step5：单击**确定**按钮完成分析设置和高级设置，并关闭**图层属性**对话框。

Step6：单击 Network Analyst 工具条上的**求解**图标▦，执行受限的位置分配分析，求解每个邮局设施点在路程受限条件下能够服务的居民小区，并将其显示在地图上，如图 6.5.11 所示。共有 22 个点能够在受限条件下享受服务，9 个居民小区在受限条件下无法匹配到提供服务的邮局。

这个结果表示，如果邮局的服务半径是 40km，则现有邮局的数量和分布不能完全满足现有区域居民的需求，需要增设新的邮局。

5．新增设施点优化布局

Step1：单击 Network Analyst 窗口中设施点（5）的图层名，使其高亮显示，表示已选中对该图层进行操作。

Step2：单击 Network Analyst 工具条上的**创建网络位置工具**图标⬚，鼠标指针变为十字丝加一面小旗子，用鼠标在地图上未对应邮局设施点的居民地请求点中间任意位置单击以添加新建邮局的位置，新添加的点以方框符号表示，如图 6.5.12 所示。图中设施点变为 6 个，其中不含五角星的方框符号表示此次操作新添加的邮局设施点。

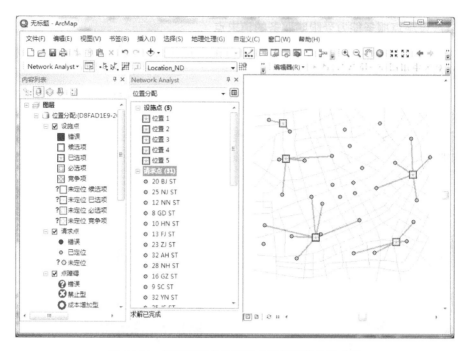

图 6.5.11 路程受限条件下每个设施服务的请求点

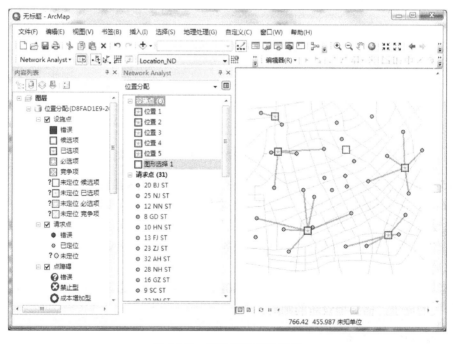

图 6.5.12 手动添加新设施点

Step3：单击 Network Analyst 窗口中位置分配下拉箭头右侧的**位置分配属性**图标⬚，打开**图层属性**对话框。

Step4：在**图层属性**对话框中单击**分析设置**选项卡，在**分析设置**选项卡中将阻抗设置为长度（千米），其他选项保持默认设置。

Step5：单击**高级设置**选项卡，将问题类型设置为最小化阻抗，**要选择的设施点**设置为 5

个，**阻抗中断**设置为 40，其他选项保持默认设置，如图 6.5.10 所示。

Step6：单击**确定**按钮完成分析设置和高级设置，并关闭**图层属性**对话框。

Step7：单击 Network Analyst 工具条上的**求解**图标，执行位置分配分析，求解新添加一个邮局设施点后在路程受限条件下各设施点所服务的居民地请求点，并将其显示在地图上，如图 6.5.13 所示。

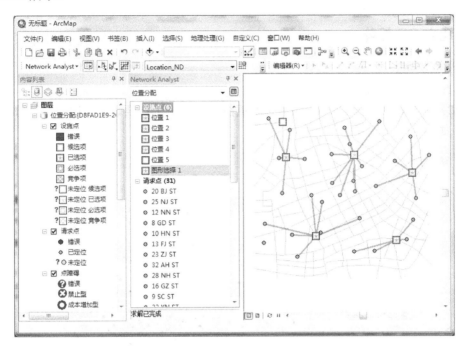

图 6.5.13　新添加设施点后所有设施服务的请求点的分配

从图 6.5.13 中可以看出，当新添加的一个设施点位置适当时，在受限条件下共有 30 个点能够在受限条件下享受服务，只有一个点在受限条件下无法找到能够分配到的设施点，但其中一个设施点沦为空闲。

Tips：比较图 6.5.13 和图 6.5.11 所示的结果，可以看到在新添加了设施点后，原有设施点对应服务的居民小区也会采用最优分配方式而随之变动。

利用该方法可以对已有设施进行评价，也可以为新建设施选址。

6.6　建立 OD 成本矩阵

6.6.1　问题和数据分析

1. 问题提出

OD 成本矩阵用于查找和测量网络中从多个起始点到多个目的地的最小成本路径。O 为英文 Original 的首字母缩写，意为起始点；D 为英文 Destination 的首字母缩写，意为目的地。OD 成本矩阵分析的结果通常会成为其他空间分析的输入，在这些空间分析中，网络成本比欧氏直线距离成本更符合实际情况，因为大多数资源都是沿道路流动的，如人的行走、车的行驶等。

2. 数据准备

本节分析使用的数据存储在 E:\Data\6.6 文件夹下的 66 地理数据库中的 OD 要素集内，其中 OD_ND 为网线，OD_ND_Junctions 为网络节点，road 为道路线要素类，表示研究区内道路分布；stores 为目的地点要素类，表示商店的分布；customers 为起始点要素类，表示居民地中心分布。

6.6.2 建立 OD 矩阵

1. 添加数据

Step1：启动 ArcMap。

Step2：在 ArcMap 主菜单上单击**添加数据**图标 ✚，将 OD 要素集添加到内容列表和地图视图中，如图 6.6.1 所示。

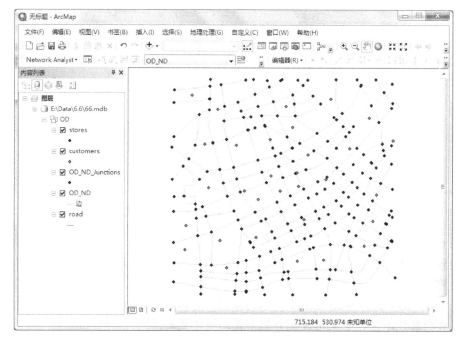

图 6.6.1　加载 OD 要素集

2. 创建 OD 矩阵求解图层

Step1：依次单击 Network Analyst 工具条上的"*Network Analyst→新建 OD 成本矩阵*"菜单，在**内容列表**窗口中显示 OD 成本矩阵分析相关要素图层，如图 6.6.2 所示。

Step2：单击 Network Analyst 工具条上的**窗口图标**，将包含 OD 成本矩阵分析设置的 Network Analyst 窗口加载到界面中，如图 6.6.3 所示。

Step3：右键单击 Network Analyst 窗口中的起始点（0）图层名，在弹出的菜单中单击*加载位置*，打开**加载位置**对话框。

Step4：在**加载位置**对话框中将**加载自**设置为 customers 要素类，在**位置分析属性**框中将 Name 设置为 ID 字段，将 TargetDestinationCount 设置为 4，表示只求到最近的 4 个目的地的成本，其他选项保持默认设置，如图 6.6.4 所示。

图 6.6.2　OD 成本矩阵分析相关要素图层　　　　图 6.6.3　OD 成本矩阵分析设置窗口

图 6.6.4　加载居民地起始点设置

Step5：单击**确定**按钮完成加载停靠点设置并关闭**加载位置**对话框，共有 31 个居民地被加载为起始点，以圆点符号表示，如图 6.6.5 所示。

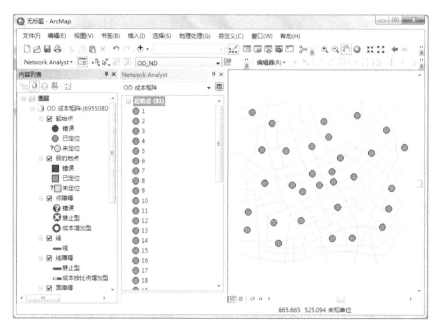

图 6.6.5　加载居民地起始点

Step6：右键单击 Network Analyst 窗口中的目的地点（0）图层名，在弹出的菜单中单击**加载位置**，打开**加载位置**对话框。

Step7：在**加载位置**对话框中将**加载自**设置为 stores 要素类，其他选项保持默认设置，如图 6.6.6 所示。

图 6.6.6　加载商店目的地点设置

Step8：单击**确定**按钮完成加载站点设置并关闭**加载位置**对话框，有 5 个商店被加载为目的地点，以正方形符号表示，如图 6.6.7 所示。

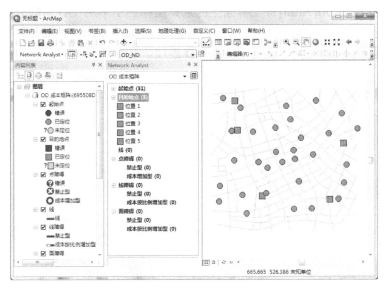

图 6.6.7　加载商店目的地点

3．求解 OD 矩阵

Step1：单击 **Network Analyst** 窗口中 OD 成本矩阵下拉箭头右侧的 **OD 成本矩阵属性**图标，打开**图层属性**对话框。

Step2：在**图层属性**对话框中单击**分析设置**选项卡，在**分析设置**选项卡中将**阻抗**设置为长度（未知），表示求解 OD 矩阵时只考虑距离，将**要查找的目的地**设置为 4，表示只求距离起始点最近的 4 个目的地的 OD 矩阵，其他选项保持默认设置，如图 6.6.8 所示。

Tips：在起始点加载时设置的 TargetDestinationCount 值的优先级高于图层属性对话框中对要查找的目的地的设置，即若已设置了 TargetDestinationCount 的值，则此处无须再次设置。

图 6.6.8　OD 矩阵分析设置

Step3：单击**确定**按钮完成分析设置，并关闭**图层属性**对话框。

Step4：单击 Network Analyst 工具条上的**求解**图标，执行 OD 矩阵分析，求解 OD 矩阵，并将其显示在地图上，如图 6.6.9 所示。共有 31 个起始点，针对每个起始点求出距离最近的 4 个目的地点的 OD 矩阵，共有 124 条 OD 连线。

图 6.6.9　OD 矩阵分析结果

Tips：虽然求出的 OD 矩阵显示为直线，但路径及其长度都是按照网络路径计算的，只是为了图面整洁才用直线表达。

Step5：右键单击 Network Analyst 窗口中的线（124）图层名，在弹出的菜单中单击*打开属性表*，打开所有 OD 连线的属性表，如图 6.6.10 所示。属性表中记录了每条 OD 线对应的起始点的 ID、目的地点的 ID、当前目的地点在 4 个点中的距离长度排名，以及网络路径长度。

	ObjectID	Shape	Name	OriginID	DestinationID	DestinationRank	Total_长度
▶	1	折线	1 - 位置 1	1	1	1	47.74752
	2	折线	1 - 位置 4	1	4	4	50.472811
	3	折线	1 - 位置 3	1	3	3	57.492011
	4	折线	1 - 位置 2	1	2	4	61.1901
	5	折线	2 - 位置 3	2	3	3	47.567518
	6	折线	2 - 位置 2	2	2	2	48.759559
	7	折线	2 - 位置 1	2	1	1	60.617729
	8	折线	2 - 位置 4	2	4	4	62.055379
	9	折线	3 - 位置 3	3	3	3	45.09435
	10	折线	3 - 位置 4	3	4	2	52.592666
	11	折线	3 - 位置 1	3	1	1	55.659567
	12	折线	3 - 位置 2	3	2	4	59.083175
	13	折线	4 - 位置 4	4	4	4	43.314698
	14	折线	4 - 位置 1	4	1	2	46.198951
	15	折线	4 - 位置 3	4	3	3	50.333898
	16	折线	4 - 位置 2	4	2	1	67.060571
	17	折线	5 - 位置 1	5	1	1	31.887996
	18	折线	5 - 位置 4	5	4	4	47.036944
	19	折线	5 - 位置 3	5	3	3	59.977217
	20	折线	5 - 位置 2	5	2	2	71.778406
	21	折线	6 - 位置 1	6	1	1	41.99857
	22	折线	6 - 位置 3	6	3	2	59.453521
	23	折线	6 - 位置 4	6	4	3	67.230024
	24	折线	6 - 位置 2	6	2	3	72.106239
	25	折线	7 - 位置 2	7	2	1	35.057197
	26	折线	7 - 位置 5	7	5	2	50.385125
	27	折线	7 - 位置 3	7	3	3	66.139688

14 ◄ 1 ► ►I (0 / 124 已选择)

线

图 6.6.10　OD 矩阵连线属性表

Tips: 6.2 节~6.6 节所述的相关网络分析功能也可以利用 ArcToolbox 中的工具完成，具体位置在 ArcToolbox 中的 Network Analyst 工具箱的分析工具集里。

6.7 几何网络分析

6.7.1 问题和数据分析

1. 问题提出

利用建立好的几何网络可以进行公共祖先追踪分析、网络连接要素分析、网络环境分析、网络中断要素分析、网络上溯路径分析、网络路径分析，以及网络下溯追踪、网络上溯累积追踪和网络上溯追踪等具体分析。本节以网络路径分析和网络连接要素分析为例说明操作过程。

2. 数据准备

本节使用的数据存放在 E:\Data\6.7 文件夹下的 67 地理数据库中的 water 要素集内，其中 water_Net 为几何网络，water_Net_Junctions 为网络节点，main 为表示自来水供水主管网分布的线要素类，lateral 为表示自来水供水支管分布的线要素类，factory 为表示水源的点要素类。

6.7.2 网络路径分析

1. 添加数据

Step1：启动 ArcMap。

Step2：在 ArcMap 主菜单上单击**添加数据**图标 **＋**，将 water 要素集添加到内容列表和地图视图中，如图 6.7.1 所示。

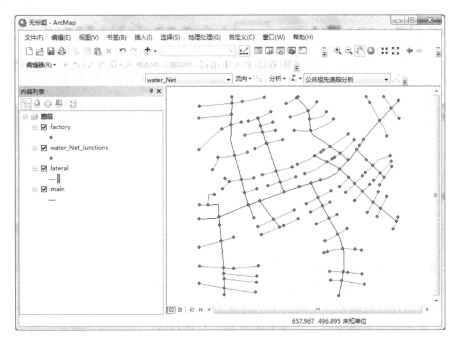

图 6.7.1 添加网络路径分析数据

2．添加几何网络分析工具条

右键单击 ArcMap 主菜单空白处，在弹出的菜单中勾选**几何网络分析**，将几何网络分析工具条加到工具栏中。几何网络分析工具条如图 6.7.2 所示。

图 6.7.2　几何网络分析工具条

3．网络路径分析

Step1：单击几何网络分析工具条上的**添加交汇点标记**工具图标，鼠标指针变为一面小旗子。用鼠标在网络中单击要进行网络路径分析的点，如图 6.7.3 所示。本例中添加了两个点标记。

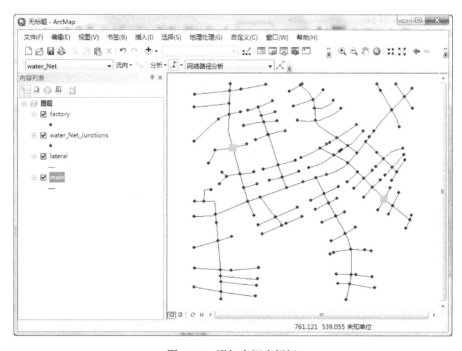

图 6.7.3　添加交汇点标记

Tips: 添加交汇点标记工具只能将点添加在已有节点上，并且在几何网络路径分析时，添加的标记只能是同类，即不能既有交汇点标记又有边标记。

Step2：单击几何网络分析工具条上的**选择追踪任务**下拉列表，选择**网络路径分析**任务。

Step3：单击几何网络分析工具条上的**求解**工具图标，追踪两个交汇点标记之间的网络路径，追踪结果如图 6.7.4 所示。

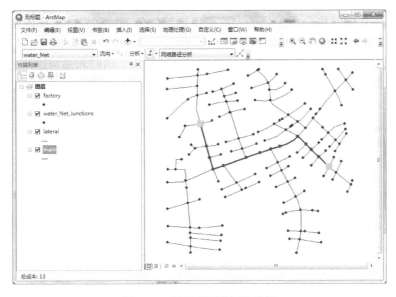

图 6.7.4　追踪得到的网络路径

Tips：如果用户在网络中设置了权重，则可以追踪网络最短路径。这里的最短路径是一个广义的含义，根据权重设置的不同，最短的概念不同，类似于网络数据集分析中的最佳路径。

6.7.3　网络连接要素分析

Step1：单击几何网络分析工具条上的**分析**下拉菜单 分析▾，单击菜单*清除结果*，将 6.7.2 节中的网络路径分析结果清除，单击菜单*清除标记*，将 6.7.2 节中添加的交汇点标记清除。

Tips：也可以只清除路径分析结果，保留添加的交汇点标记。这样做可以跳过 Step2，直接进入 Step3。

Step2：单击几何网络分析工具条上的**添加交汇点标记**工具图标 ，鼠标指针变为一面小旗子。用鼠标在网络中单击要进行网络路径分析的点，如图 6.7.5 所示。本例中添加了两个点标记。

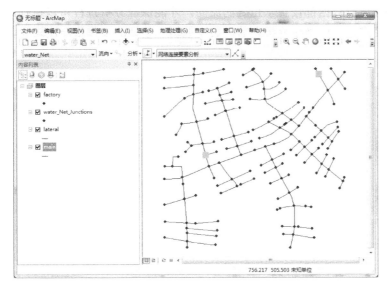

图 6.7.5　添加交汇点标记

Step3：单击几何网络分析工具条上的**选择追踪任务**下拉列表，选择**网络连接要素分析**任务。

Step4：单击几何网络分析工具条上的**求解**工具图标，追踪和添加这两个标记点相连的网络要素，追踪结果如图 6.7.6 所示。

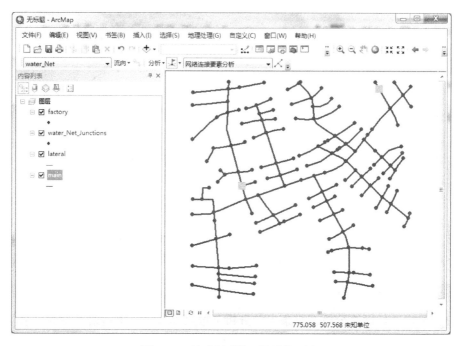

图 6.7.6　追踪得到的网络连接要素

几何网络分析的其他分析功能，如公共祖先追踪分析、网络上/下溯分析、查找源的上游路径分析等都要建立在设置网络流向的基础上。

相对网络要素集，几何网络的建立对数据的要求更高。因为几何网络中的资源只能单向流动，必须保证所有数据都设置了正确的流向，才能保证分析过程可以执行，从而获得分析结果。因此，在进行几何网络分析之前，数据编辑、整理的工作量会比较大。

第 7 章　数字高程模型分析

数字高程模型（DEM）是以数字形式表示高程在地表分布的模型，通常被称为三维模型。而其实质是一种 2.5 维的模型，因为在高程域上只有表面的数据，而没有布满整个三维空间的数据和可视化表达。

在 GIS 中，通常用规则栅格格网（GRID）或不规则三角网（TIN）的数据模型来存储 DEM 数据，并且可以以多种形式可视化 DEM 数据，如等高线、立体等高线、晕渲图等方式。同时可以对 DEM 进行关于高程的分析，如坡度分析、坡向分析、通视分析等。DEM 为地理信息系统进行空间分析和辅助决策提供更为充实且便于操作的数据基础。

在 DEM 中，第三维的数据是高程，而在实际应用过程中还可以将其他属性作为第三维数据进行存储、表达、显示和分析，如温度、湿度、人口数量、房价等。利用立体模型可以方便用户直观地理解和使用相关数据。

本章主要介绍如何建立和使用 DEM。在 ArcGIS 中，DEM 建立和分析的功能主要集中在 ArcToolbox 的 3D Analyst 工具箱和 Spatial Analyst 工具箱中。

7.1　GRID 的建立

GRID 指规则栅格格网数字高程模型，是一种基于栅格模型的数据。一般将整个研究区域划分成规则的正方形格网，为每个格网赋予高程值来表达高程在地表的分布。一般来说，对于同一区域，格网划分越细，模型精度越高。

7.1.1　问题和数据分析

1．问题提出

生成 GRID 通常有两种方式：一种是在原始离散采样点的基础上直接内插计算每个格网点的高程值，生成 GRID；另一种是在 TIN 或等高线的基础上内插生成 GRID，其原理是在 TIN 或等高线上提取高程点，再进行内插，其实质也是离散点内插。

2．数据准备

本节分析使用的数据存储在 E:\Data\7.1 文件夹下，点要素类 height 表示高程点分布，存储在名为 71 的地理数据库中。一个名为 tin 的不规则三角网存储在 7.1 文件夹下。

3．加载 3D Analyst 扩展模块

Step1：启动 ArcMap。

Step2：依次单击 ArcMap 主菜单上的"*自定义→扩展模块*"。

Step3：在打开的**扩展模块**对话框中勾选 3D Analyst。

Step4：单击**关闭**按钮，关闭**扩展模块**对话框。

Tips：如果没有加载 3D Analyst 扩展模块，则 3D Analyst 工具箱无法使用。

7.1.2 离散点生成 GRID

离散点为带有高程属性的点数据，利用内插算法将其生成 GRID。ArcGIS 提供多种插值生成 GRID 的方法，如克里金法、反距离权重法、含障碍的样条函数、地形转栅格、样条函数法、自然邻域法、趋势面法、通过文件实现地形转栅格等 8 种方法。每种插值方法对数据有不同的假设，所以在使用插值方法时需要考虑所使用的数据的特点及使用目的，选取合适的方法，选取原则本书不再赘述，请参考相关书籍。

Tips: 利用内插算法从离散采样点生成的连续的表面不仅可以表示高程的分布，将高程转换为温度、湿度、密度等其他值也可以表示这些值的连续分布，并且进行预测。

1. 加载数据

在 ArcMap 主菜单上单击添加数据图标 ✛，将 height 要素类添加到内容列表和地图窗口中。

Tips: 也可以跳过这一步，在**内插**对话框中定位到生成 GRID 的源数据。

2. 加载 ArcToolbox 工具箱

Step1：单击 ArcMap 标准工具条上的 ArcToolbox 工具图标 🖳，打开 ArcToolbox 窗口。

Step2：依次单击"*3D Analyst 工具→栅格插值*"菜单，打开**栅格插值**工具箱。

3. 内插生成 GRID

下面以样条函数法为例生成 GRID。

Step1：双击**栅格插值**工具箱中的*样条函数法*，打开**样条函数法**对话框。

Step2：在**样条函数法**对话框中，将**输入点要素**设定为 height；将 **Z 值字段**设定为 HEIGHT 字段；将**输出栅格**命名为 point2grid，存储到 E:\Data\7.1\Result 文件夹下；其他设置使用默认值，如图 7.1.1 所示。

图 7.1.1 样条函数法插值生成 GRID 设置

在**样条函数法**对话框中，**输出像元大小**中使用的是默认值，默认值是根据输入要素点的范围计算得到的，如果生成的 GRID 要与其他栅格图层联合应用或分析，就要将像元大小设置为与已有栅格要素集像元大小相同，方法为单击像元大小编辑框右边的图标 🖳，选择已有栅格要素集。

样条函数类型有两个选项：REGULARIZED 和 TENSION，**权重和点数**均为样条函数的参数，默认值分别为 0.1 和 12，不同的权重和点数生成的 GRID 形态是不同的，这也会导致预测值不同。

Step3：单击**确定**按钮，由样条函数法生成的 GRID 如图 7.1.2 所示。

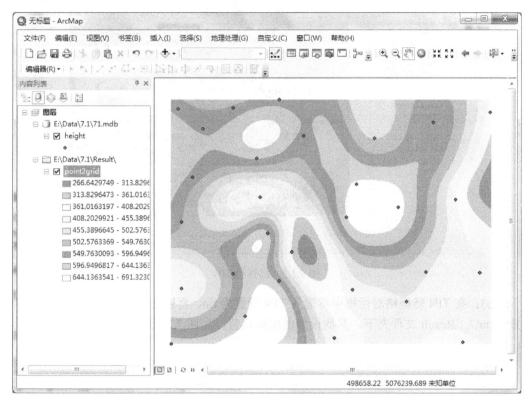

图 7.1.2　由样条函数法生成的 GRID

思考：使用相同的离散点数据，尝试几种不同的插值方法，设定不同的参数，查看生成的 GRID 有什么区别。

7.1.3　TIN 生成 GRID

将已有的 TIN 模型转换成 GRID 模型。

1. 加载 TIN 模型

在 ArcMap 主菜单上单击**添加数据**图标 ✚，将 tin 添加到内容列表和地图窗口中，如图 7.1.3 所示。

2. TIN 模型转换成 GRID 模型

Step1：在 ArcToolbox 工具箱中依次单击"*3D Analyst 工具→转换→由 TIN 转出*"，打开**由 TIN 转出**工具集。

Step2：双击 *TIN 转栅格*，打开 **TIN 转栅格**对话框。

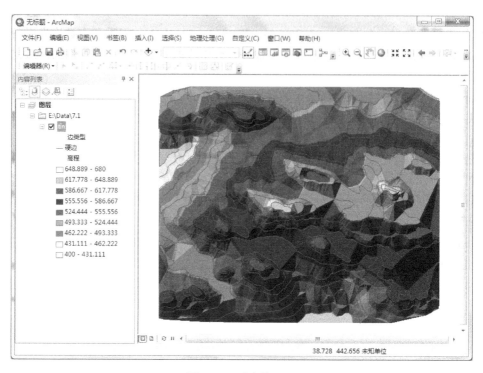

图 7.1.3 已有的 TIN

Step3：在 **TIN 转栅格**对话框中将**输入 TIN** 设置为 tin，将**输出栅格**命名为 tin2grid，存储在 E:\Data\7.1\Result 文件夹下，其他设置使用默认值，如图 7.1.4 所示。

图 7.1.4　TIN 转栅格设置

在 **TIN 转栅格**对话框中，**输出数据类型**有两个选项：FLOAT 和 INT，表示输出栅格的格网值是浮点型还是整型；**方法**有两个选项：LINEAR 和 NUTRAL NEIGHBORS，表示用线性插值法还是自然邻域插值法计算输出栅格像元值。**采样距离**有两个选项：OBSERVATIONS 250 和 CELLSIZE 0.808583，用于确定输出栅格的像元大小的方法和距离。**Z 因子**指 Z 值的乘系数，默认值为 1，表示按实际 Z 值计算。

Step4：单击**确定**按钮，生成 GRID，如图 7.1.5 所示。

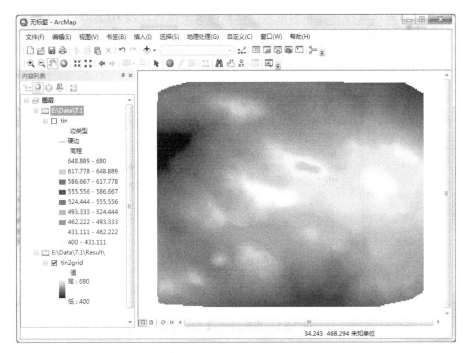

图 7.1.5　由 TIN 生成的 GRID

7.2　TIN 的建立

7.2.1　问题和数据分析

1．问题提出

TIN 生成的原理是根据带有高程值的采样点在一定约束条件下构建不规则三角网，在这些约束条件下，生成的三角网是唯一的。因为从 GRID 和等高线上都可以采集高程点，所以 ArcGIS 中可以从离散点、GIRD 和等高线生成 TIN。

2．数据准备

本节分析使用的数据存储在 E:\Data\7.2 文件夹下的名为 72 的地理数据库中，包含：一个名为 height 的点要素类，表示高程点分布；一个名为 contousr 的线要素类，为等高线；一个名为 dem 的栅格要素集文件夹，存储在 7.2 文件夹下，为 GRID。

7.2.2　离散点生成 TIN

1．加载数据

在 ArcMap 主菜单上单击**添加数据**图标 ✚，将 height 要素集添加到内容列表和地图窗口中。

2．离散点生成 TIN

Step1：在 ArcToolbox 中依次单击“*3D Analyst 工具→数据管理→TIN*”，打开 TIN 工具箱。

Step2：双击*创建 TIN*，打开**创建 TIN** 对话框。

Step3：在**创建 TIN** 对话框中，将**输出 TIN** 命名为 point2tin，存储在 E:\Data\7.2\Result 文

件夹下，**输入要素类**设置为 height 要素类，注意**高度字段**设置为 HEIGHT，其他选项保持默认设置，如图 7.2.1 所示。

图 7.2.1　离散点生成 TIN 设置

在**创建 TIN** 对话框中，**坐标系**指为输出的 TIN 指定的空间参考；可以选取多个含有高程值或 Z 值的**输入要素类**参与构建 TIN，但要为每个要素类指定正确的表示高程或 Z 值的**高度字段**，**SF Type** 表示参与构建 TIN 的要素类如何构建 TIN，这里的 Mass_Points 表示将 height 中的高程点作为 TIN 的节点；**约束型 Delaunay** 指使用隔断线参与构建 TIN，如一条陡坎的边线两边的高程点不能跨线生成 Delaunay 三角网。

Step4：单击**确定**按钮，生成 TIN，如图 7.2.2 所示。

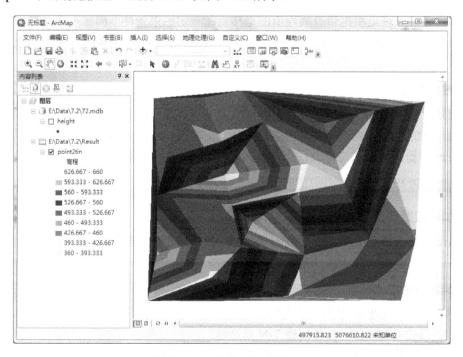

图 7.2.2　由离散点生成的 TIN

思考：在 ArcGIS 中如何利用等高线 contours 数据生成 TIN？

7.2.3 GRID 生成 TIN

将已有的 GRID 模型转换成 TIN 模型。

1. 加载数据

在 ArcMap 主菜单上单击添加数据图标 ，将 7.2 文件夹下的名为 dem 的 GRID 添加到内容列表和地图窗口中。

2. GRID 生成 TIN

Step1：在 Arctoolbox 窗口中依次单击"*3D Analyst 工具→转换→由栅格转出*"，打开由栅格转出工具集。

Step2：双击*栅格转 TIN*，打开**栅格转 TIN** 对话框。

Step3：在**栅格转 TIN** 对话框中，将**输入栅格**设置为 dem，**输出 TIN** 命名为 grid2tin 并存储在 E:\Data\7.2\Result 文件夹下，其他选项使用默认设置，如图 7.2.3 所示。

在**栅格转 TIN** 对话框中，**Z 容差**表示输入栅格与输出 TIN 之间所允许的最大高度差，默认值为输入栅格 Z 范围的 1/10；**最大点数**表示在生成 TIN 过程中提取的高程点数；**Z 因子**指 Z 值的乘系数，默认值为 1，表示按实际 Z 值计算。

图 7.2.3　栅格转 TIN 设置

Step4：单击**确定**按钮，生成 TIN，如图 7.2.4 所示。

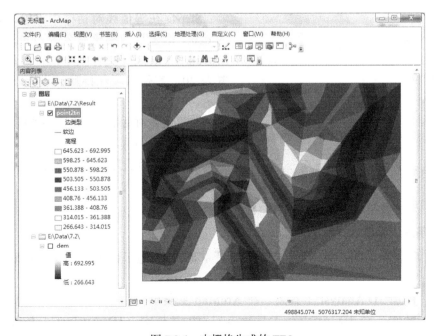

图 7.2.4　由栅格生成的 TIN

7.3 DEM 应用

7.3.1 问题和数据分析

1. 问题提出

人们一直致力于三维空间的表达，但由于技术和条件的限制，并没有找到一种真正实用的方法。数字高模型虽然只表示 2.5 维数据，不是真三维数据，但它为空间数据更加直观地表达应用提供了一种途径，其应用领域涉及遥感、摄影测量、制图、土木工程、地质、矿业、地理形态、军事工程、土地规划、道路施工等。

2. 数据准备

本节分析使用的数据存储在 E:\Data\7.3 文件夹下，要素类存储在名为 73 的地理数据库中，包含一个名为 height 的点要素类，是高程点分布；一个名为 line 的线要素类，是进行可视性分析的视线；一个名为 point 的点要素类，是可视性分析的观察点；一个名为 dem 的栅格要素集文件夹存储在 7.3 文件夹下，是 GRID。

7.3.2 地形因子分析

1. 生成等值线（Contour）

Step1：启动 ArcMap，单击添加数据图标 ，添加 73 地理数据库中的名为 dem 的 GRID 数据集。

图 7.3.1　由 GRID 生成等值线设置

Step2：依次单击 Arctoolbox 窗口中的"*3D Analyst 工具→栅格表面*"，打开栅格表面工具箱。

Step3：双击*等值线*，打开**等值线**对话框。

Step4：在**等值线**对话框中将**输入栅格**设置为 dem，**输出折线要素**命名为 contours 存储在 E:\Data\7.3\Result 文件夹下，将**等值线间距**设置为 20，其他选项保持默认设置，如图 7.3.1 所示。

在**等值线**对话框中，**起始等值线**为视图范围内起始等值线的值，即高程最小的等值线的值，默认为 0；**Z 因子**为在生成等值线时使用的单位转换因子，默认为 1。

Step5：单击**确定**按钮，生成等值线，如图 7.3.2 所示。

2. 逐条生成等值线

Step1：启动 ArcMap，单击添加数据图标 ，添加 73 地理数据库中的名为 dem 的 GRID 数据集。

Step2：添加 3D Analyst 工具条。在 ArcMap 主菜单空白处右键单击，在弹出菜单中单击 **3D Analyst**，将 3D Analyst 工具条添加到工具栏中，3D Analyst 工具条如图 7.3.3 所示。

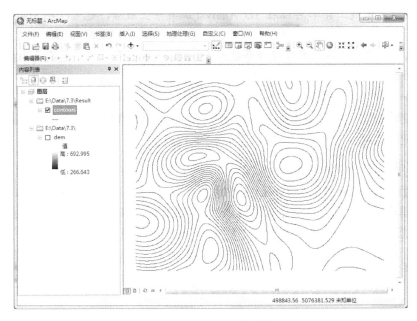

图 7.3.2　由 GRID 生成的等值线 contours

图 7.3.3　3D Analyst 工具条

Step3：单击 3D Analyst 工具条上的**创建等值线**工具图标，鼠标指针变为粗线十字丝加一个带等值线的小窗口，单击 dem 数据范围内的任意一点，立即生成一条过该点的等值线，等值线的数值会显示在状态栏中，如图 7.3.4 所示。

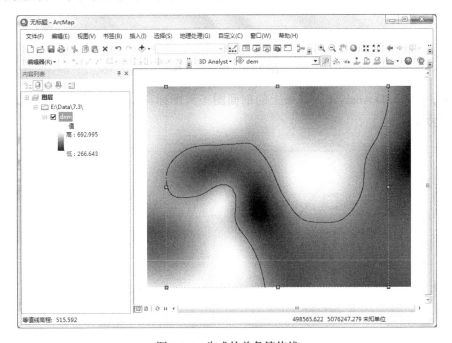

图 7.3.4　生成的单条等值线

Tips：创建等值线工具 可以在 3D Analyst 工具条上激活，也可以在 Spatial Analyst 工具条上激活。

Tips：利用创建等值线工具生成的等值线是 ArcGIS 的图形，而不是线要素类。一旦生成后再对等值线进行修改，就会丧失等值线的地理意义。

思考：如何将创建等值线工具生成的等值线图形转换为线要素？

利用创建等值线工具可以为栅格、不规则三角网、LAS 数据集或 terrain 数据集表面创建等值线，创建的等值线的值显示在窗口左下角的状态栏中。

3．制作剖面图

Step1：启动 ArcMap，单击添加数据图标 ，添加 73 地理数据库中的名为 dem 数据集。

Step2：单击 3D Analyst 工具条上的**插入线**工具图标 ，鼠标指针变为十字丝形，用鼠标在 dem 视域范围绘制一条折线，如图 7.3.5 所示，这条折线就是将要绘制剖面的剖面线。

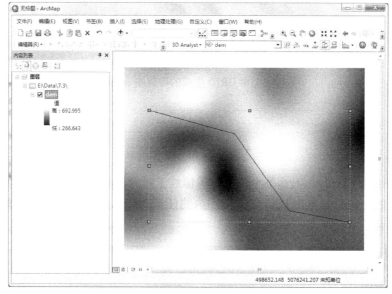

图 7.3.5　绘制剖面线

Step3：单击 3D Analyst 工具条上的**剖面图**工具图标 ，生成沿剖面线的剖面图，如图 7.3.6 所示。

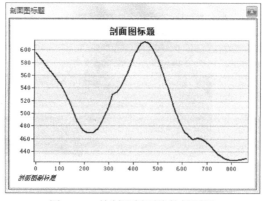

图 7.3.6　绘制沿剖面线的剖面图

Tips：可以通过双击剖面图标题窗口中的任意位置调出**图表属性 剖面图标题**对话框，在该对话框中对剖面图的标题、单位、x轴和y轴标注、图标类型等进行编辑，如图 7.3.7 所示。

4．生成坡度图

Step1：启动 ArcMap，单击添加数据图标 ，添加 73 地理数据库中的名为 dem 数据集。

Step2：依次单击 Arctoolbox 窗口中的"*3D Analyst 工具→栅格表面*"，打开栅格表面工具箱。

Step3：双击*坡度*，打开**坡度**对话框。

Step4：在**坡度**对话框中将**输入栅格**设置为 dem，**输出栅格**命名为 slope 存储在本节的 Result 文件夹下，其他选项保持默认设置，如图 7.3.8 所示。

图 7.3.7　剖面图属性设置

图 7.3.8　生成坡度设置

在**坡度**对话框中，**输出测量单位**有两个选项：DEGREE 和 PERCENT_RISE，表示坡度倾角以度还是以百分比坡度为单位；**Z 因子**为 Z 值系数。

Step5：单击**确定**按钮，生成坡度图，如图 7.3.9 所示。

5．生成坡向图

Step1：启动 ArcMap，单击添加数据图标 ，添加 73 地理数据库中的名为 dem 数据集。

Step2：依次单击 Arctoolbox 窗口中的"*3D Analyst 工具→栅格表面*"打开栅格表面工具箱。

Step3：双击*坡向*，打开**坡向**对话框。

Step4：在**坡向**对话框中将**输入栅格**设置为 dem，**输出栅格**命名为 aspect 存储在 E:\Data\7.3\Result 文件夹下，如图 7.3.10 所示。

Step5：单击**确定**按钮，生成坡向图，如图 7.3.11 所示。

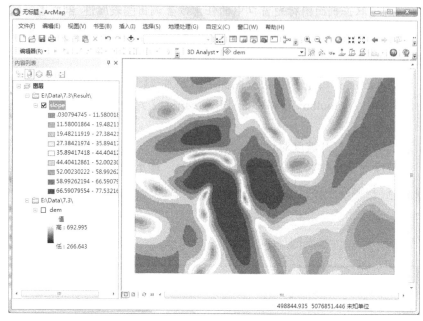

图 7.3.9　生成坡度图

图 7.3.10　生成坡向设置

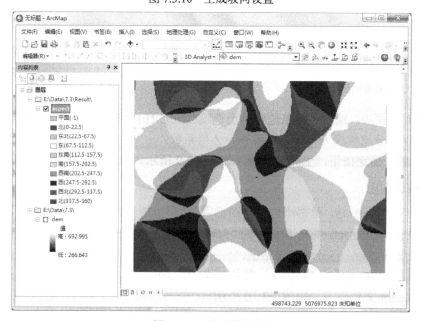

图 7.3.11　生成坡向图

除以上几种常用工具外，栅格表面工具箱还提供生成**曲率**工具，用于生成栅格表面的曲率图；**填挖方**工具用于计算两个表面间体积的变化；**含障碍的等值线**工具用于在障碍两侧独立生成等值线；**山体阴影**工具用于考虑光源高度和方向创建地貌晕渲图；**等值线序列**工具用于将创建的等值线保存为线要素类。

思考：上面的几个例子都是用栅格实现的，这些计算或绘图方法用不规则三角网能够实现吗？怎样实现？

7.3.3 可视性分析

可视性分析对 GRID 和 TIN 同样适用，并且也适用于 LAS 数据集和 terrain 数据集表面。

1．交互式通视分析

通视分析主要用于确定沿穿过表面的线要素为视线方向的可见性。

Step1：启动 ArcMap，单击添加数据图标 ⬇，添加 73 地理数据库中的名为 dem 数据集。

Step2：单击 3D Analyst 工具条上的**创建视线**工具图标 ⟿，鼠标指针变为十字丝形，同时打开**通视分析**对话框，将**观察点偏移**设置为 1，**目标偏移**设置为 0，如图 7.3.12 所示。

图 7.3.12　交互式通视分析设置

在**通视分析**对话框中，**观察点**和**目标**点在 Z 方向上的偏移表示观察点和目标点距地表的高度，设置偏移值可以使通视分析的结果更加精确。例如，在观察点可以加上观察人员从脚到眼睛的高度。

Step3：用鼠标在 dem 数据集视域范围内绘制视线，视线上用不同颜色显示不同的可视情况，左上方的黑色点表示观察点，右下方红色点表示目标点，中间偏右下的蓝色点表示观察点与目标点之间的障碍点，红色线表示两点间不可通视的视线，绿色线表示可视视线，如图 7.3.13 所示。

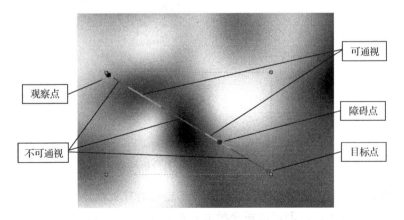

图 7.3.13　交互式通视分析结果

2．通视分析工具

除交互式通视分析外，ArcGIS 还提供在多条视线上进行通视分析的工具。

Step1：启动 ArcMap，单击添加数据图标 ⬇，添加 73 地理数据库中的名为 dem 数据集和 line 线要素类，line 要素类中有 4 个线要素。

Step2：依次单击 Arctoolbox 窗口中的"*3D Analyst 工具→可见性*"，打开可见性工具箱。

图 7.3.14 通视分析工具设置

Step3：双击*通视分析*，打开**通视分析**对话框。

Step4：在**通视分析**对话框中将**输入表面**设置为 dem，**输入线要素**设置为 line，**输出要素**命名为 linefeaturevisible 存储在 E:\Data\7.3\Result 文件夹下，其他选项保持默认设置，如图 7.3.14 所示。

在**通视分析**对话框中，**输入要素**表示除输入线要素外的其他障碍要素，如建筑物；**输出障碍点要素类**表示将每条视线上的障碍点保存为用户命名的点要素类。

Step5：单击**确定**按钮，生成沿 line 要素类中视线方向上的可见性，如图 7.3.15 所示，绿色（浅灰色）表示可视，红色（深灰色）表示不可视。

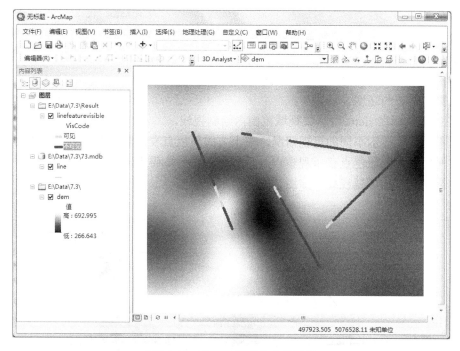

图 7.3.15 通视分析工具分析结果

Tips：通视分析工具只提供线要素起点和终点连线的可视性，也就是说，如果线要素是由几个节点构成的折线的话，利用通视分析工具也只分析起节点和终节点连线的可视性，不是沿原折线方向上的可视性。

3．可视域分析

ArcGIS 除提供视线上的可视性分析外，还提供基于观察点或观察折线的视域分析功能。

Step1：启动 ArcMap，单击添加数据图标 ♣，添加 73 地理数据库中的名为 dem 数据集和 point 点要素类，其中 point 要素类有 5 个点要素。

Step2：依次单击 Arctoolbox 窗口中的"**3D Analyst 工具→可见性**"，打开可见性工具箱。

Step3：双击*视域*，打开视域对话框。

Step4：在**视域**对话框中将**输入栅格**设置为 dem，**输入观察点或观察折线要素**设置为 point，**输出栅格**命名为 viewshed 存储在 E:\Data\7.3\Result 文件夹下，其他选项保持默认设置，如图 7.3.16 所示。

图 7.3.16　视域分析设置

在**视域**对话框中，**输出地平面以上的栅格**表示将地表以上的区域以栅格形式保存，该栅格与输出栅格互补；**Z 因子**表示 Z 值的系数；可使用**地球曲率校正**和**折射系数**提高可视域计算精度。

Step5：单击**确定**按钮，生成 point 要素类中以每个点要素为观察点的可视区域，如图 7.3.17 所示，绿色（浅灰色）表示可视区域，红色（深灰色）表示不可视区域。

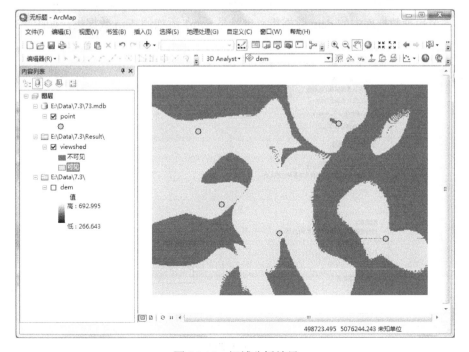

图 7.3.17　视域分析结果

7.3.4　三维显示

DEM 中含有的高程数据能够表示地形的起伏，在 ArcGIS 中可以以三维的形式更加直观、形象地对地形进行可视化。三维形式显示通常用 ArcScene 或 ArcGlobe 完成，本节以 ArcScene 为例进行说明。

Step1：启动 ArcScene，单击添加数据图标 ✥，添加 73 地理数据库中的名为 dem 的 GRID 数据集，如图 7.3.18 所示。

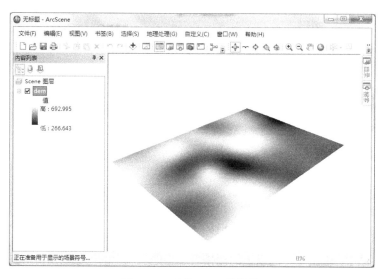

图 7.3.18　添加 dem 数据集

Step2：右键单击内容列表中的 dem 图层名，在弹出菜单中单击*属性*，打开**图层属性**对话框。

Step3：单击**图层属性**对话框中的**基本高度**属性页，激活*在自定义表面上浮动*，将自定义表面设置为本节地理数据库中的 dem 数据集，也就是 Setp1 添加的 dem 数据集，如图 7.3.19 所示。

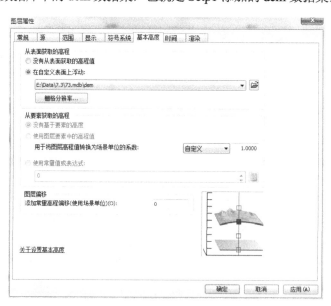

图 7.3.19　设置 dem 数据集的图层属性

Step4：单击**确定**按钮，完成三维显示设置，在 ArcScene 主窗口可以看到三维显示的地形，如图 7.3.20 所示。

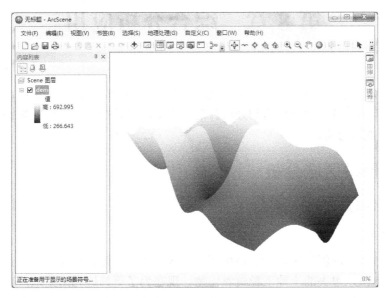

图 7.3.20　dem 数据集的三维显示

Step5：单击标准工具条中的导航图标，在窗口中拖动或旋转三维显示的 dem 数据集，dem 数据集可根据鼠标拖动方向进行相应的移动和旋转，给观察者全方位的数据浏览角度。

Tips：在地形表面上还可以添加其他地物，指定地物的高程地段后，通过拉伸设置的方式将地物叠加到三维地形表面上。

第8章　综合分析应用

前面的章节单独地对 ArcGIS 在某种处理或特定类型的分析进行了说明，但在复杂的实际应用中通常需要综合多种分析达到分析目的。本章就以几个综合分析的实例来说明如何利用 ArcGIS 进行综合分析。

8.1　农田保护区域分析

8.1.1　问题和数据分析

1. 问题提出

在研究区域内的河流南岸有一块马蹄形的地区，在洪水来临时这片土地会被淹没，因此只能在雨季过后洪水退去的土地上种植农作物。现在为了更好地利用土地，有关部门决定在最北面的弯曲处沿河流的北岸修建一个水坝，用于长期蓄水及保护农田。本节的任务是根据计划修建的水坝确定水坝保护的农田区域，主要通过 ArcGIS 的重分类和叠加分析等工具完成。分析准则如下。

（1）位于洪泛区内。

（2）有适合耕种的土质。

（3）面积至少有数公顷。

2. 数据准备

本分析使用的原始数据是栅格格式的数据，包括高程（drelief）、土质类型（dsoils），数据构成了名为 81 的地理数据库，存放在 E:\Data\8.1 文件夹内。

8.1.2　添加数据

在 ArcMap 中单击添加数据图标 ✚，将 drelief 数据集和 dsoils 数据集添加到内容列表和地图窗口中，如图 8.1.1 所示。

Tips：如果添加进来的数据没有分类分色显示，可以通过更改图层属性中的符号系统来改变图层的可视化效果。

8.1.3　找出洪水淹没区域

根据以往的数据记录，所有高程低于 8m 的区域都将被洪水淹没，所以现在要先找到高程低于 8m 的区域。利用 ArcGIS 中的**栅格计算器**工具完成此项操作。

1. 激活空间分析工具箱

Step1：在 ArcMap 主菜单上依次单击"*自定义→扩展模块*"，在弹出的**扩展模块**对话框中勾选 Spatial Analyst 复选框，如图 8.1.2 所示。

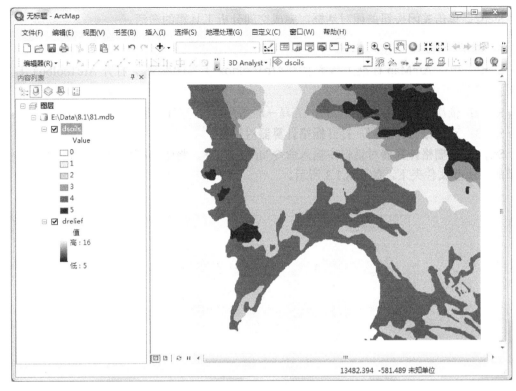

图 8.1.1　添加 drelief 和 dsoils 图层

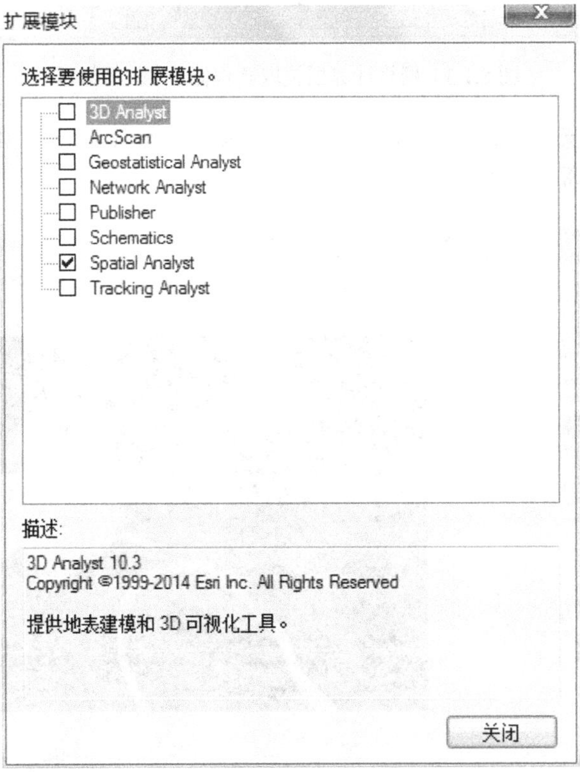

图 8.1.2　加载空间分析工具箱

Step2：单击**关闭**按钮关闭对话框，完成空间分析工具箱的激活。

2．提取高程低于8m的区域

Step1：单击ArcMap标准工具条上的**ArcToolbox**工具图标  ，打开ArcToolbox工具箱窗口。

Step2：依次单击"*Spatial Analyst 工具→地图代数*"，打开**地图代数**工具箱。

Step3：双击*栅格计算器*，打开**栅格计算器**对话框。

Step4：在**栅格计算器**对话框中输入命令"drelief" < 8，将**输出栅格**命名为dless8，存储在本节的Result文件夹下，如图8.1.3所示。

图8.1.3　栅格计算器提取高程低于8m的区域

Step5：单击**确定**按钮，提取高程低于8m的**区域**生成图层dless8，该图层如图8.1.4所示，其中值为1的区域是高程低于8m的区域。

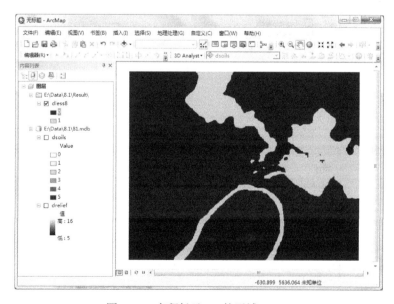

图8.1.4　高程低于8m的区域dless8

8.1.4　寻找可耕种区域

研究区域的土质分类如表 8.1.1 所示，分类码为 2 的黏土是最适合农业种植的，利用栅格计算器找到研究区域内所有黏土质类型的土地分布。

Step1：在 ArcToolbox 工具箱中依次单击"*Spatial Analyst 工具→地图代数*"，打开**地图代数**工具箱。

Step2：双击*栅格计算器*，打开**栅格计算器**对话框。

表 8.1.1　土壤分类

土 质 类 型	分 类 码	说　明
	0	水域
Heavy clays	1	重质黏土
Clays	2	黏土
Sandy clays	3	砂质黏土
Levee	4	防洪堤
Stony	5	碎石滩

Step3：在**栅格计算器**对话框中输入命令 "dsoils" == 2，将**输出栅格**命名为 sequal2，存储在本节的 Result 文件夹下，如图 8.1.5 所示。

图 8.1.5　栅格计算器提取黏土质区域

Step4：单击**确定**按钮，提取黏土质土壤区域生成图层 sequal2，该图层如图 8.1.6 所示，其中值为 1 的区域是黏土质土壤区域。

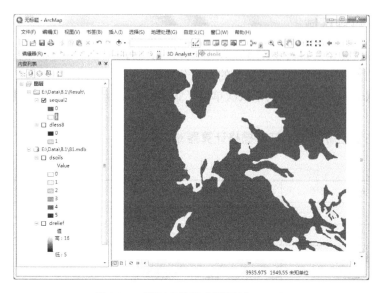

图 8.1.6　提取出的黏土质区域 sequal2

8.1.5　确定水坝保护的可耕种区域

水坝保护的可耕种区域即为高程低于 8m 的黏土土质分布区域。在 dless8 图层中高程小于 8m 的区域的代码为 1，在 sequal2 图层中黏土土质区域的代码为 1，因此要得到洪水区和合适土质区，只要用布尔操作"and"就可以得到在两个图层都为"真"的区域。

Step1：在 ArcToolbox 工具箱中依次单击"*Spatial Analyst 工具→地图代数*"，打开**地图代数**工具箱。

Step2：双击*栅格计算器*，打开**栅格计算器**对话框。

Step3：在**栅格计算器**对话框中输入命令"dless8" & "sequal2"，将**输出栅格**命名为 ds，存储在本节的 Result 文件夹下，如图 8.1.7 所示。

图 8.1.7　栅格计算器提取高程和土质满足要求的区域

Step4：单击**确定**按钮得到高程低于 8m 的黏土土质分布区域 ds，该图层如图 8.1.8 所示，在 ds 图层中值为 1 的区域即为要保护的可耕种区域。

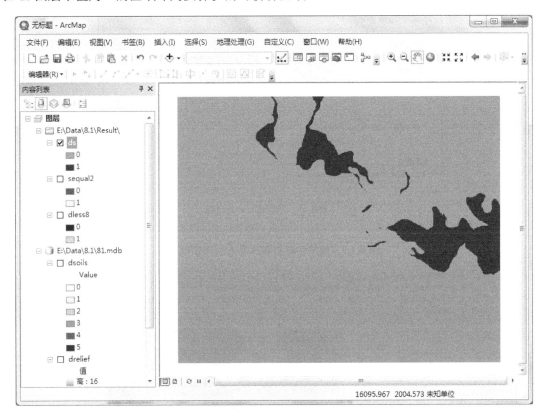

图 8.1.8　提取的水坝保护的可耕种区域 ds

8.1.6　将研究区域土质重分类

为了清楚地显示水坝保护的可耕种区域和其他类型土质的相对空间位置，对土质类型进行重新分类，即除原先分类码为 0~5 的 6 种类型外，添加一种新的类型：水坝保护的农田区域，定义分类码为 6，即 ds 数据集中值为 1 的区域。这样的重分类不是简单的逻辑就能够完成的，需要一个比较复杂的算式。

Step1：在 ArcToolbox 工具箱中依次单击"*Spatial Analyst 工具→地图代数*"，打开**地图代数**工具箱。

Step2：双击*栅格计算器*，打开**栅格计算器**对话框。

Step3：在**栅格计算器**对话框中输入命令 "ds"*6 + "dsoils" * ("ds" ^"dsoils")，将**输出栅格**命名为 reclasssoil，存储在本节的 Result 文件夹下，如图 8.1.9 所示。

该表达式中 ds 数据集的栅格值只有两个：0 和 1，1 表示高程低于 8m 的黏土质区域，0 表示其他区域。dsoils 有 6 个分类值，其含义如表 8.1.1 所示。"^"符号为异或操作，即当 ds 数据集中的栅格值和 dsoils 数据集中对应位置的栅格值相同时，异或结果为 0，不同时异或结果为 1。通过该表达式就将土壤类型分为了 7 类，实际上是将原先值为 2 的土壤类型分为两类，一类值仍为 2，另一类值为 6。

Step4：单击**确定**按钮完成重分类，重分类结果如图 8.1.10 所示。

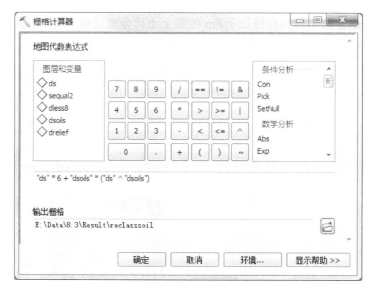

图 8.1.9　栅格计算器对土质图层重新赋值

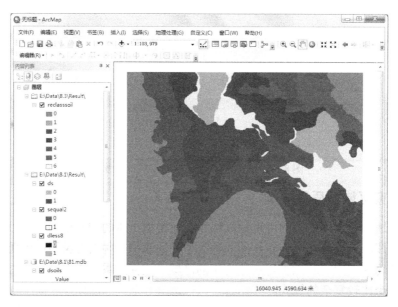

图 8.1.10　对土质类型进行重分类结果

8.2　商店选址评价

8.2.1　问题和数据分析

1. 问题提出

商业设施盈利的一个重要因素是位置，利用 GIS 对相关的空间位置数据和属性数据进行简单分析，对商业设施的选址优劣进行初步评价，进而分析改进策略已经逐渐被商业营销人士所重视并应用。本节利用 ArcGIS 的扩展空间分析功能对商店的服务范围进行确定，并对服务范围内的人口特征进行分析来探索商店的盈利情况与潜在客户之间的关系，根据这种关系可以为未来商店的选址提供参考信息。

2．数据准备

本分析使用的原始数据是矢量格式的数据，包括商店点要素类（stores）、人口调查区面要素类（population），数据说明如表 8.2.1 所示。数据构成了名为 82 的地理数据库，存放在 E:\Data\8.2 文件夹内。

表 8.2.1　商店选址数据说明

数 据 名 称	数 据 内 容
stores	商店分布，包含商店的年利润
population	按调查区的人口分布

8.2.2　确定商店的服务范围

一般来讲，一个商店的服务范围是以商店为中心的周边区域，商店的服务能力与到商店的距离成反比，因此一般在确定商店服务范围时以不同距离半径划定不同服务水平的服务区。

1．添加数据

在 ArcMap 中单击添加数据图标 ✛，将 population、stores 要素类添加到内容列表和地图窗口中。

2．选出盈利商店

Step1：依次单击主菜单上的"*选择→按属性选择*"，打开**按属性选择**对话框。

Step2：在**按属性选择**对话框中将**图层**设置为 stores；在选择对话框中输入表达式：[REVENUES] >0 来选择所有的盈利商店，如图 8.2.1 所示。

Step3：单击**确定**按钮，得到满足条件的要素，一共有 3 个商店满足选择条件，如图 8.2.2 所示。

图 8.2.1　选择盈利商店

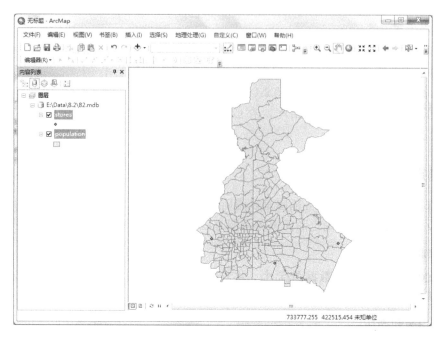

图 8.2.2　选出的盈利商店

3．确定盈利商店的服务范围

利用距离分析完成盈利商店不同服务能力区域的划分。

Step1：单击 ArcMap 标准工具条上的 **ArcToolbox** 工具图标 ，打开 ArcToolbox 工具箱窗口。

Step2：在 ArcToolbox 中依次单击"*Spatial Analyst 工具→距离分析*"，打开**距离分析**工具箱。

Step3：双击*欧氏距离*，打开**欧氏距离**对话框。

Step4：在**欧氏距离**对话框中将**输入栅格数据或要素源数据**设定为 stores，**输出距离栅格数据**命名为 servicearea 存放在本节的 Result 文件夹下，将**输出像元大小**设置为 250，如图 8.2.3 所示。

图 8.2.3　确定盈利商店的距离栅格图

思考：为什么将输出像元大小设定为250？还有哪些方法可以确定盈利商店的服务区？

Step5：为了便于分析，将输出的栅格图层和population图层设置为相同的范围。单击欧氏距离对话框中的**环境按钮** [环境...]，打开**环境设置**对话框。

Step6：在**环境设置**对话框中，单击**处理范围**选项，在范围下拉列表中选择**与图层 population 相同**，其他选项保持默认设置，如图8.2.4所示。

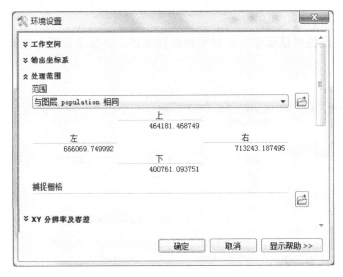

图 8.2.4　设置输出栅格 servicearea 范围

Step7：单击**确定**按钮完成处理范围设置，关闭**环境设置**对话框。

Step8：单击**确定**按钮求解欧氏距离，结果如图8.2.5所示。

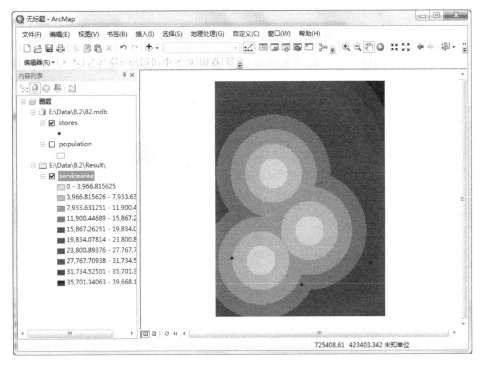

图 8.2.5　盈利商店的欧氏距离图

思考：在图层的属性中查看 servicearea 图层的行数和列数，这在后续的分析中有什么作用？

4．改变 servicearea 图层的显示方式

本操作目的是将 servicearea 以连续色调显示。

Step1：右键单击内容列表中的 servicearea 图层名，在弹出菜单中单击*属性*，打开**图层属性**对话框。

Step2：在**图层属性**对话框中单击**符号系统**属性页，将**显示**设置为拉伸，选择**色带**，如图 8.2.6 所示。

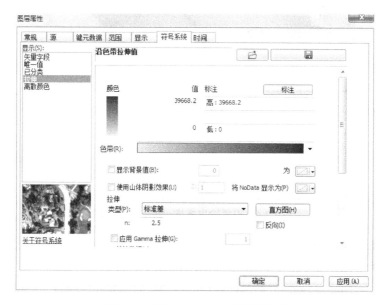

图 8.2.6　设置 servicearea 的显示方式

Step3：单击**确定**按钮，完成符号系统设置，设置后的显示效果如图 8.2.7 所示。

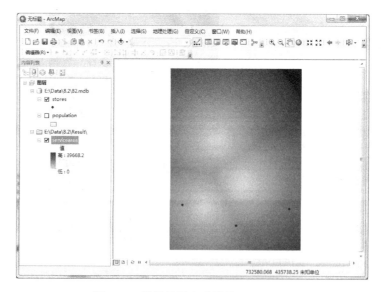

图 8.2.7　设置显示方式后的 servicearea

5. 确定商店的服务范围

已有研究结果表明，商店 4000 个格网单位以内的区域为服务范围，因此对 servicearea 图层根据 VALUE 值进行重分类，重新分为两类，重分类后商店周围 0~4000 个格网单位的区域代码为 1， 4000~40 000 个格网单位的区域代码为 0。

Tips：因本例中的数据没有定义空间参考，故没有实际单位。在 ArcMap 状态栏中显示坐标单位为：未知单位。

Step1：在 ArcToolbox 中依次单击"*Spatial Analyst 工具→ 重分类*"，打开**重分类**工具箱。

Step2：双击*重分类*，打开**重分类**对话框。

Step3：在**重分类**对话框中将**输入栅格**设定为 servicearea，**重分类字段**设定为 Value，0~4000 设定为新值 1，4000~40 000 设定为新值 2，**输出栅格**命名为 reclassfied 存放在本节的 Result 文件夹下，如图 8.2.8 所示。

图 8.2.8　对 servicearea 重分类

Step4：单击**确定**按钮完成重分类，结果如图 8.2.9 所示，值为 1 的区域是服务区内范围。

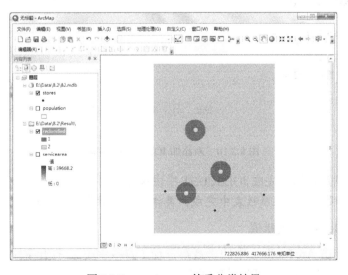

图 8.2.9　servicearea 的重分类结果

思考：上述操作是否可以利用缓冲区分析操作完成？如果用缓冲区分析完成，后续还要进行哪些操作？

8.2.3 分析消费者特征

现在要对人群进行分类，以找到潜在客户。在 population 要素类的属性表中 HH_SEG1～HH_SEG50 为不同生活方式人群的数量，TOTAL 为该区域总人口数。根据已有研究结果，population 要素类中属性为 HH_SEG8、HH_SEG15、HH_SEG37 的人群是潜在客户。新建一个潜在客户指标 JOESCUST，其值越高表示该地区潜在客户越多。JOESCUST 的计算方式为：

JOESCUST＝（HH_SEG8＋HH_SEG15＋HH_SEG37）* 100/ TOTAL

1．为 population 要素类的属性表添加 JOESCUST 字段

Step1：单击 ArcMap 标准工具条上的 **ArcToolbox** 工具图标 ，打开 ArcToolbox 工具箱窗口。

Step2：依次单击 ArcToolbox 中的"*数据管理工具→字段*"，打开**字段**工具箱。

Step3：双击*添加字段*，打开**添加字段**对话框。

Step4：在**添加字段**对话框中将**输入表**设置为 population，将新添加的**字段名**输入为 JOESCUST，**字段类型**设置为 FLOAT，其他选项保持默认设置，如图 8.2.10 所示。

图 8.2.10　新添加 JOESCUST 字段

Step5：单击**确定**按钮，完成 JOESCUST 字段添加。

Tips：添加字段也可以在属性表中完成，具体操作步骤见 2.5.3 节。

2．为 JOESCUST 字段赋值

Step1：依次单击 ArcToolbox 中的"*数据管理工具→字段*"，打开**字段**工具箱。

Step2：双击*计算字段*，打开**计算字段**对话框。

Step3：在**计算字段**对话框中将**输入表**设置为 population，将**字段名**设置为 JOESCUST，如图 8.2.11（a）所示。

Step4：单击表达式编辑框右侧的计算器图标 ，打开**字段计算器**对话框。

Step5：在**字段计算器**对话框中输入 JOESCUST 的计算表达式：（[HH_SEG8] + [HH_SEG15] + [HH_SEG37])*100 / [TOTAL]，如图 8.2.11（b）所示。

（a）

（b）

图 8.2.11　计算 JOESCUST 字段的值

Step6：单击**确定**按钮，完成字段表达式输入，回到**计算字段**对话框。

Step7：单击**确定**按钮，完成字段 JOESCUST 的计算。

Step8：在内容列表中右键单击 population 图层名，在弹出菜单中单击*打开属性表*，在属性表中将下部的横向滚动条拉至最右侧，可以看到添加的 JOESCUST 字段及计算得到的值，如图 8.2.12 所示。

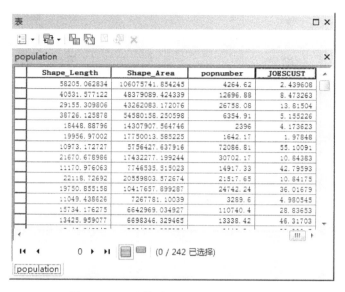

图 8.2.12　　计算后 JOESCUST 字段的值

3．对 population 要素类重新设定显示方式

Step1：在 ArcMap 中右键单击内容列表中的 population 图层名，在弹出菜单中单击*属性*，打开**图层属性**对话框。

Step2：单击**符号系统**属性页，在**显示**中依次单击"*数量→分级色彩*"，将字段中的值设为 JOESCUST，如图 8.2.13 所示。

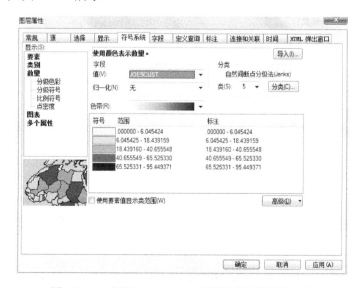

图 8.2.13　　根据 JOESCUST 字段的值设置显示方式

Step3：单击**确定**按钮，完成显示方式设置，如图 8.2.14 所示。

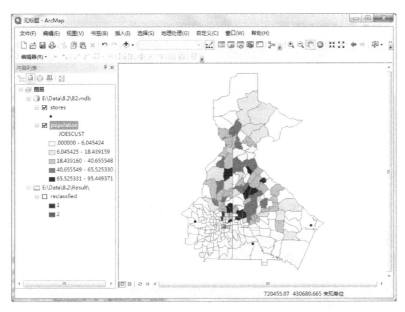

图 8.2.14   按 JOESCUST 字段设置显示方式后的 population

4．将 population 要素类转换为栅格形式

设置这个转换主要是为了便于对 JOESCUST 字段进行分析。

Step1：在 ArcToolbox 中依次单击"*转换工具→转为栅格*"，打开**转为栅格**工具箱。

Step2：双击*要素转栅格*，打开**要素转栅格**对话框。

Step3：在**要素转栅格**对话框中将**输入要素**设置为 population，**字段**设置为 JOESCUST，**输出栅格**命名为 popraster，存放在本节的 Result 文件夹下，**输出像元大小**设置为和 reclassified 栅格数据一致，如图 8.2.15 所示。

图 8.2.15   将 population 转换为栅格数据

Step4：单击**环境**按钮 ⬚ 环境... ，打开**环境设置**对话框。

Step5：在**环境设置**对话框中单击**处理范围**，单击下拉箭头，将处理范围设置为**与图层 reclassified 相同**，如图 8.2.16 所示。

图 8.2.16 设置 population 的处理范围

Step6：单击**确定**按钮，完成环境设置，回到**要素转栅格**对话框。

Step7：单击**确定**按钮，完成要素转栅格，结果如图 8.2.17 所示。

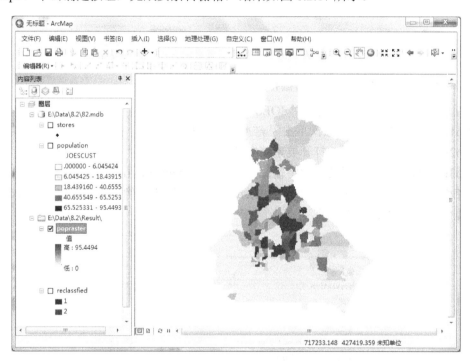

图 8.2.17 popraster 栅格数据

8.2.4 确定服务范围内的潜在客户数

在本操作中浏览 reclassified 栅格数据层落入 popraster 栅格图层区域范围内的 VALUE 值分布。

Step1：在 ArcToolbox 中依次单击"*Spatial Analyst 工具→区域分析*"，打开**区域分析**工具箱。

Step2：双击*分区统计*，打开**分区统计**对话框。

Step3：在**分区统计**对话框中将**输入栅格数据**或**要素区域数据**设置为 reclassified，**区域字**

段设置为 VALUE，**输入赋值栅格**设置为 popraster，**输出栅格**命名为 valuepop，存放在本节的 Result 文件夹下，**统计类型**选 MEAN，如图 8.2.18 所示。

图 8.2.18　分区统计

Step4：单击**确定**按钮完成分区统计，结果如图 8.2.19 所示。此处统计的是平均人数，盈利商店服务范围内的平均人数大约是 24.7 人，非服务范围平均人数大约是 11.6 人。

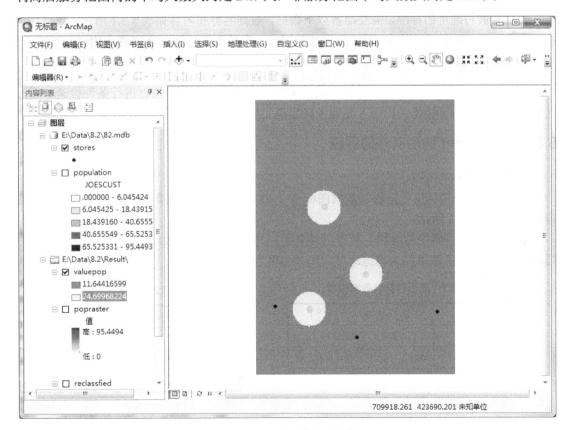

图 8.2.19　分区统计后结果

除平均人口数的统计外，利用分区统计还可统计盈利商店服务范围内的众数

（MAJORITY）、最大值（MAXIMUM）、中值（MEDIAM）、最小值（MINIMUM）、像元出现最少的个数（MINORITY）、像元最大值与最小值之差（RANGE）、标准差（STD）、像元值总和（SUM）、像元唯一值的数目（VARIETY）。

思考：本节的所有操作只用矢量类型的数据怎样达到分析目的？

8.3 度假村选址

8.3.1 问题和数据分析

1．问题提出

随着经济的发展和人们生活水平的提高，越来越多的人选择在假期出门旅游，为了提供更多的休闲场所，旅游部门计划在某地区选择一块合适的林区建设度假村。度假村选择的标准如下。

（1）为了保护 Karri 林地，不能选址在 Karri 林地范围内。

（2）度假村区域地面坡度要小于 3%。

（3）度假村所在区域年平均温度高于 16.5℃。

（4）度假村面积在 100~300 公顷（1 公顷＝10000m²）。

2．数据准备

针对度假村选址的标准，需要准备以下数据，数据名称和内容如表 8.3.1 所示，数据均为栅格形式的数据，组成一个名为 83 的地理数据库，存放在 E:\Data\8.3 文件夹内。

3．问题分析

为了选择合适的位置建设度假村，根据选址标准，需要对这些数据进行条件检索、缓冲区分析、叠加分析等操作。以下开始逐条确定满足选址标准的区域。

8.3.2 确定 Kerri 林地以外的区域

1．添加数据

在 ArcMap 工具栏中单击添加数据图标 ✚，将 forest 栅格数据集添加到内容列表和地图窗口中，如图 8.3.1 所示。

forest 栅格数据集中的地物一共有三种分类，分类名称和编码如表 8.3.2 所示。我们只需提取非 Kerri 森林区域以外的林地即可，即分类值为 2 的区域。

表 8.3.1　度假村选址数据说明

数 据 名 称	数 据 内 容
elev	高程层，高程分布
forest	森林层，研究区域的各森林分布

表 8.3.2　森林层分类

分 类 编 码	森 林 类 型
0	非森林
1	Kerri 森林
2	其他林地

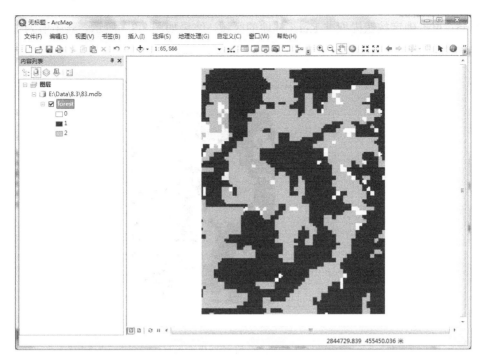

图 8.3.1　forest 图层

2．提取非 Kerri 林地

利用**栅格计算器**工具提取非 Kerri 林地。

Step1：在 ArcMap 工具栏中单击 ArcToolbox 图标 ，打开 ArcToolbox 工具箱。

Step2：在 ArcToolbox 中依次单击"*Spatial Analyst 工具→地图代数*"，打开**地图代数**工具集。

Step3：双击*栅格计算器*，打开**栅格计算器**对话框。

Step4：在**栅格计算器**对话框中输入表达式："forest" == 2，将**输出栅格**命名为 forest2，存储在本节的 Result 文件夹下，如图 8.3.2 所示。

图 8.3.2　利用栅格计算器提取非 Kerri 林地

Step5：单击**确定**按钮提取非 Kerri 林地的区域，结果如图 8.3.3 所示。其中值为 1 的区域是非 Kerri 林地。

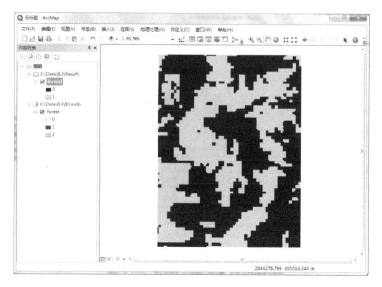

图 8.3.3　非 Kerri 林地提取结果

思考：为什么满足条件的区域默认值都为 1，有没有可能为 0？为什么？

8.3.3　确定坡度小于 3% 的区域

度假村建设对坡度提出要求，当前的数据是高程数据，因此需要利用高程数据求取坡度分布图，再提取满足坡度条件要求的区域。

1. 添加数据

在 ArcMap 工具栏中单击添加数据图标 ✛，将 elev 要素集添加到内容列表和地图窗口中，如图 8.3.4 所示。

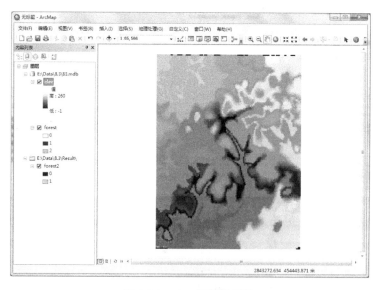

图 8.3.4　elev 栅格数据集

2．求取坡度

Step1：在 ArcMap 工具栏中单击 ArcToolbox 图标，打开 ArcToolbox 工具箱。

Step2：在 ArcToolbox 中依次单击"*Spatial Analyst 工具→表面分析*"，打开**表面分析**工具箱。

Step3：双击*坡度*，打开**坡度**对话框。

Step4：在**坡度**对话框中，将**输入栅格**设置为 elev，**输出栅格**命名为 slope，存储在本节的 Result 文件夹下，**输出测量单位**设置为 PERCENT_RISE，**Z 因子**，保持默认设置，如图 8.3.5 所示。

图 8.3.5　计算 elev 图层坡度

思考：输出测量单位为什么要选 PERCENT_RISE？选择另一个选项 DEGREE 可不可以？为什么？

Step5：单击**确定**按钮，生成坡度分布图，结果如图 8.3.6 所示。

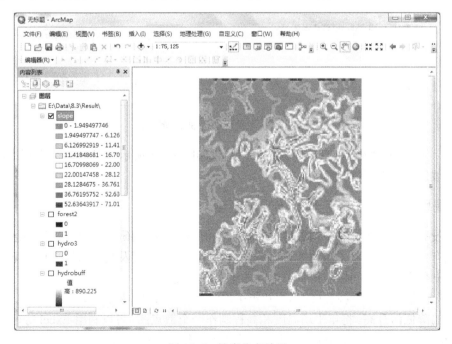

图 8.3.6　坡度分布结果

在图 8.3.6 中可以看到，slope 图层的上部边缘区域有部分数据失真。

思考：为什么会产生数据失真现象？为什么失真产生在边缘而不是其他地方？中心区域的数据会产生失真现象吗？

3．提取坡度小于 3%的区域

利用栅格计算器提取坡度小于 3%的区域。

Step1：在 ArcMap 工具栏中单击 ArcToolbox 图标 🔲，打开 ArcToolbox 工具箱。

Step2：在 ArcToolbox 中依次单击 "*Spatial Analyst 工具→地图代数*"，打开**地图代数**工具箱。

Step3：双击*栅格计算器*，打开**栅格计算器**对话框。

Step4：在**栅格计算器**对话框中输入表达式："slope" < 3，将**输出栅格**命名为 slope2，存储在本节的 Result 文件夹下，如图 8.3.7 所示。

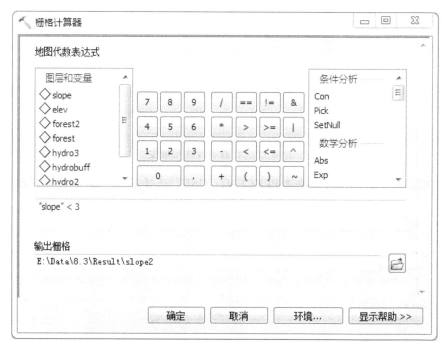

图 8.3.7　提取坡度小于 3%区域设置

Step5：单击**确定**按钮，查看提取结果，结果如图 8.3.8 所示。在 slope2 图层中，值为 1 的区域为坡度小于 3%的区域。

8.3.4　提取年平均温度高于 16.5℃的区域

虽然没有整个地区的年平均温度分布数据，但根据以往的研究成果可知该地区年平均气温和高程有关。本例获取了当地 8 个气象观测站的年平均温度及观测站的高程。可以利用这些数据建立数学模型，间接获得整个地区的年平均温度分布。

表 8.3.3 是 8 个气象观测站的高程及年平均温度观测数据。从表中可直观看出，年平均温度随高程的降低而升高。将年平均温度和高程制作一个散点图（可以利用 Excel 等软件完成），如图 8.3.9 所示，可以看出高程与年平均温度大致呈线性负相关关系。

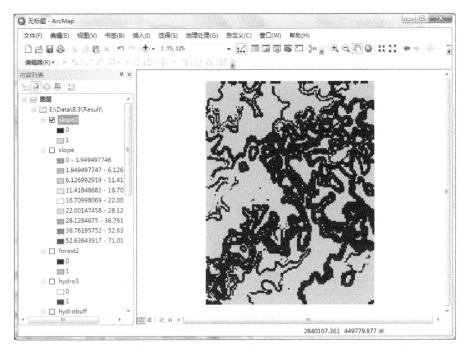

图 8.3.8　坡度小于 3% 的区域

表 8.3.3　8 个气象观测站的记录

气象站编号	年平均温度/℃	高程/m
1	16.2	178
2	16.7	165
3	17.3	141
4	18.1	122
5	17.1	152
6	16.2	198
7	15.9	225
8	17.6	135

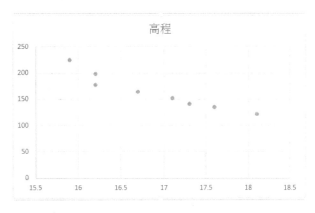

图 8.3.9　年平均温度与高程散点图

根据以上观测数据，利用 SPSS 软件或其他工具软件得到高程和年平均温度的回归方程 $Y = 20.3755 + -0.0212X$，其中 X 表示高程，Y 表示年平均温度。

1. 计算研究区域的年平均温度分布

利用栅格计算器工具完成该任务。

Step1：在 ArcMap 工具栏中单击 ArcToolbox 图标 ，打开 ArcToolbox 工具箱。

Step2：在 ArcToolbox 中依次单击"*Spatial Analyst 工具→地图代数*"，打开**地图代数**工具箱。

Step3：双击*栅格计算器*，打开**栅格计算器**对话框。

Step4：在**栅格计算器**对话框中输入表达：20.3755-0.0212* "elev"，将**输出栅格**命名为 temperature，存储在本节的 Result 文件夹下，如图 8.3.10 所示。

图 8.3.10 计算年平均温度分布

Step5：单击**确定**按钮，得到全年平均温度分布的图层 temperature，结果如图 8.3.11 所示。

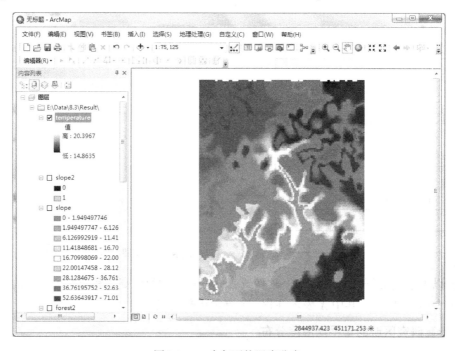

图 8.3.11 全年平均温度分布

思考：temperature 图层上部边缘也有部分数据失真，为什么这里也会产生数据失真现象？能否消除数据失真？

2. 提取年平均温度高于 16.5℃的区域

利用栅格计算器工具完成该任务。

Step1：在 ArcToolbox 中依次单击"*Spatial Analyst 工具→地图代数*"，打开**地图代数工**

具箱。

Step2：双击*栅格计算器*，打开**栅格计算器**对话框。

Step3：在**栅格计算器**对话框中输入表达式："temperature" > 16.5，将**输出栅格**命名为 temperature2，存储在本节的 Result 文件夹下，如图 8.3.12 所示。

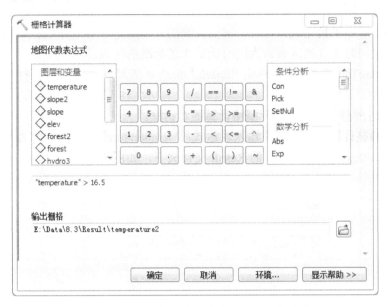

图 8.3.12　提取年平均温度高于 16.5℃的区域

Step4：单击**确定**按钮，查看提取结果，其中值为 1 的区域为年平均温度高于 16.5℃的区域，如图 8.3.13 所示。

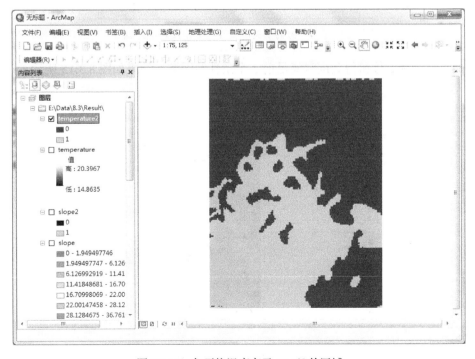

图 8.3.13　年平均温度高于 16.5℃的区域

8.3.5　确定度假村地址

以上步骤找出了分别满足前 3 条选址标准的区域，任务要求度假村要同时满足这 3 条标准，还需要进行进一步操作。

1．确定满足前 3 个条件的区域

利用栅格计算器工具完成该任务。前面找到的分别满足 3 条标准的区域的值都为 1，那么 3 个栅格图层同时为真的区域即为同时满足 3 条标准的区域。

Step1：在 ArcToolbox 中依次单击"*Spatial Analyst 工具→地图代数*"，打开**地图代数**工具箱。

Step2：双击*栅格计算器*，打开**栅格计算器**对话框。

Step3：在**栅格计算器**对话框中输入表达式："temperature2" & "slope2" & " forest2"，将**输出栅格**命名为 village，存储在本节的 Result 文件夹下，如图 8.3.14 所示。

图 8.3.14　提取同时满足 3 个选址条件的区域

Step4：单击**确定**按钮得到同时满足前 3 个条件的区域，结果如图 8.3.15 所示。

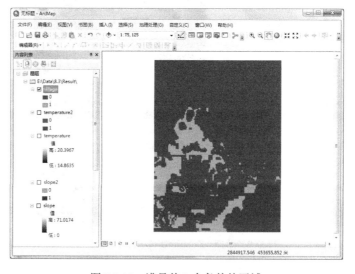

图 8.3.15　满足前 3 个条件的区域

思考：还有没有别的方法找出满足前 3 个条件的区域？

2. 数据格式转换

为了计算地块面积，要将栅格数据转换为矢量形式的数据。

Step1：在 ArcToolbox 中依次单击"**转换工具→由栅格转出**"，打开**由栅格转出**工具箱。

Step2：双击*栅格转面*工具，打开**栅格转面**对话框。

Step3：在**栅格转面**对话框中将**输入栅格**设置为 village，**字段**设置为 VALUE，**输出面要素**命名为 villagevector，存放在本节的 Result 文件夹下，如图 8.3.16 所示。

图 8.3.16　将 village 转化为面设置

Step4：单击**确定**按钮，将栅格数据转换为面要素类，结果如图 8.3.17 所示。

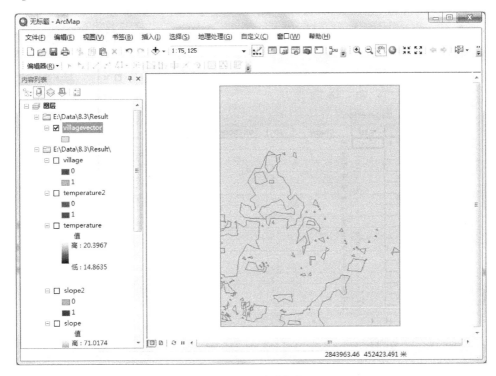

图 8.3.17　面要素类

3. 计算面积

为 villagevector 面要素类中的每个多边形计算面积。

Step1：在 ArcToolbox 中依次单击 *“数据管理工具→要素”*，打开**要素**工具箱。

Step2：双击*添加几何属性*，打开**添加几何属性**对话框。

Step3：在**添加几何属性**对话框中将**输入要素**设置为 villagevector，**几何属性**勾选 AREA 表示添加面积属性，**面积单位**选 HECTARES 表示以公顷为面积单位，其他选项保持默认设置，如图 8.3.18（a）所示。

Step4：单击**确定**按钮，为 villagevector 要素类添加一个表示面积的属性字段 POLY_AREA，并将以公顷为单位计算的面积赋给每个要素，如图 8.3.18（b）所示。

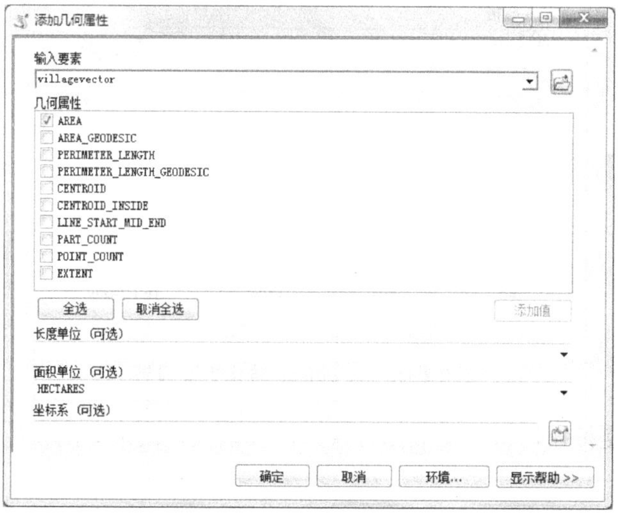

（a）

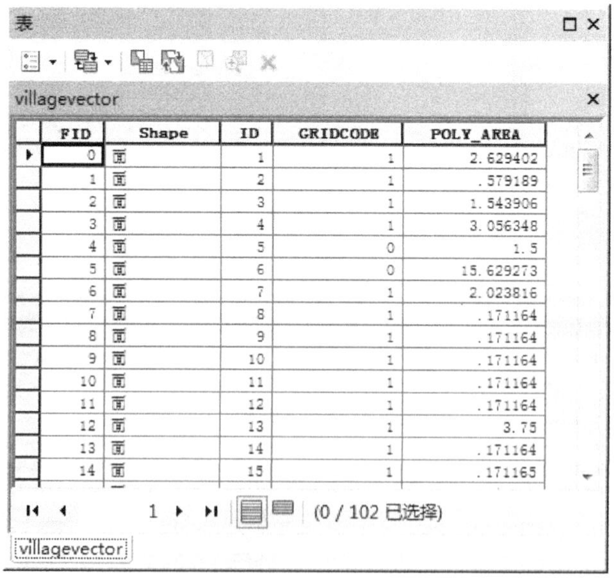

表

villagevector

FID	Shape	ID	GRIDCODE	POLY_AREA
0	面	1	1	2.629402
1	面	2	1	.579189
2	面	3	1	1.543906
3	面	4	1	3.056348
4	面	5	0	1.5
5	面	6	0	15.629273
6	面	7	1	2.023816
7	面	8	1	.171164
8	面	9	1	.171164
9	面	10	1	.171164
10	面	11	1	.171164
11	面	12	1	.171164
12	面	13	1	3.75
13	面	14	1	.171164
14	面	15	1	.171165

1 (0 / 102 已选择)

villagevector

（b）

图 8.3.18　为面要素类 villagevector 添加面积字段和值

Tips：添加面积字段的操作也可以通过添加字段、计算字段的步骤来完成。具体步骤参见 2.5.3 节。

4. 选出面积在 100~300 公顷的区域

Step1：在 ArcMap 主菜单中依次单击"*选择 → 按属性选择*"，打开**按属性选择**对话框。

Step2：在**按属性选择**对话框中将**图层**设置为 villagevector，在选择表达式对话框中输入 "POLY_AREA" >=100 AND "POLY_AREA" <=300，如图 8.3.19 所示。

图 8.3.19 按属性选择符合面积要求的地块

Step3：单击**确定**按钮，选出面积为 100~300 公顷的地块，结果如图 8.3.20 所示。

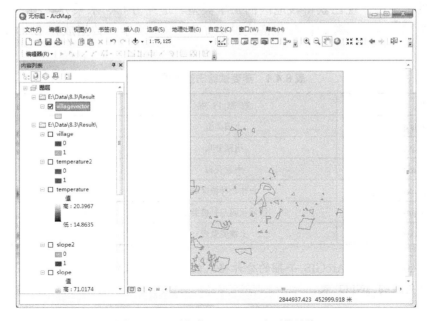

图 8.3.20 面积为 100~300 公顷的地块

有 3 个地块面积满足选址要求，即这 3 个地块满足度假村选址的全部 4 个条件，用户可以再根据价格、地理位置等其他条件最终决定在哪里修建度假村。

8.4 燕麦试验田选址

8.4.1 问题和数据分析

1．问题提出

本节分析的目的是找到一块试验田进行提高燕麦产量的试验。选址后要根据该地块的价格确定预算。选址的标准如下。

（1）位置最好在原先燕麦（Oats）或紫花苜蓿（Lucerne）的种植区域。

（2）土壤类型为 BE 的区域适合燕麦的生长。

（3）必须选址在距现有公路 400m 以内的范围。

（4）为了避免硝酸盐浸出，选址区域必须距河流 100m 以外。

（5）选址区域面积要大于 1 公顷。

本节空间分析操作给出的数据为矢量数据。为了完成选址，需要进行检索、叠加分析、缓冲区分析等操作，针对具体的选址标准需要进行的操作如下。

（1）检索出燕麦（Oats）和紫花苜蓿（Lucerne）的种植区域。

（2）从土壤层（soils）中检索出适合燕麦生长的土壤类型区域。

（3）在公路图层（roads）中对公路创建半径为 400m 的缓冲区。

（4）在水系图层（hydro）中对河流创建半径为 100m 的缓冲区。

（5）将以上几个图层进行叠加相交或擦除操作，确定满足条件的区域。

（6）检索出面积大于 1 公顷的多边形。

2．数据准备

针对选址标准，现已获得该地区的土壤类型、道路分布、水系分布和现有农作物种植区域等数据。数据名称、内容和格式说明如表 8.4.1 所示，数据放在 E:\Data\8.4 文件夹内。

表 8.4.1　燕麦试验田选址数据说明

数 据 名 称	数 据 内 容	数 据 格 式
soils.e00	土壤类型	e00
roads.e00	道路分布	e00
hydro.e00	水系分布	e00
cropcov	农作物种植区域	要素类
mgmt.	区域代码与种植类型	表
soiltype	土壤类型表	表

Tips：　e00 格式为 ArcGIS 早期的公开格式的数据交换文件，它用于传递 coverage、格网、TIN 及关联的 INFO 表。

8.4.2 数据预处理

1. 数据格式转换

由于 ArcGIS 10.3 桌面版不支持对 e00 格式文件的显示、编辑、查询、分析等操作，必须先将 e00 格式的文件转换成 ArcGIS 能够操作的数据格式。ArcToolbox 目前只提供了 e00 转 Coverage 的工具。

Step1：在 ArcMap 或 ArcCatalog 工具栏中单击 ArcToolbox 图标 ，打开 ArcToolbox 工具箱。

Step2：在 ArcToobox 中依次单击"*转换工具→转为 Coverage*"，打开转为 Coverage 工具箱。

Step3：双击*从 E00 导入*，打开**从 E00 导入**对话框。

Step4：在**从 E00 导入**对话框中将**输入交换文件**设置为 hydro.e00，**输出文件夹**设置为本节的 Result 文件夹，**输出名称**设置为 hydro0，如图 8.4.1 所示。

图 8.4.1　将 hydro.e00 转换为 Coverage

Step5：单击**确定**按钮，将 hydro.e00 转换为 Coverage 文件 hydro0。

Tips：在使用从 E00 导入工具时注意，输入的 E00 文件不能放在名称中有空格或路径中有空格的目录中，输出的 Coverage 不能放在名称中有空格或路径中有空格的目录中，且 Coverage 名称长度不能超过 13 个字符，也不能包含#、@或%等特殊字符。

重复从 E00 导入的数据格式转换操作，将 roads.e00 转换为 Coverage 文件 roads0，soils.e00 转换为 Coverage 文件 soils0。

2. 将 Coverage 数据导入地理数据库

将转换为 Coverage 格式的 hydro0、roads0 和 soils0 导入地理数据库 84 中，这步操作在 ArcCatalog 中完成。

Step1：在 ArcCatalog 窗口左侧目录树中右键单击 84 地理数据库，在弹出菜单中依次单击"*导入→要素类（单个）*"，打开**要素类至要素类**对话框。

Step2：在**要素类至要素类**对话框中，将**输入要素**设置为 hydro0 的 arc，**输出位置**设置为本节的 84 地理数据库，**输出要素类**命名为 hydro，如图 8.4.2 所示。

Step3：单击**确定**按钮完成 hydro0 的导入。

按照上述方法，将 roads0 和 soils0 导入 84 地理数据库，分别命名为 roads 和 soils。

Tips: 将 roads 导入时选择的是 roads0 的 arc，而将 soils0 导入时选择的是 polygon。

思考: 利用右键单击 84 导入数据时，是否可以选择在导入→要素类（多个）工具同时将这 3 个 Coverage 导入地理数据库中？和单个导入有何不同？

3. 设定空间参考

因 e00 格式的原始数据是没有设定投影和坐标系的，当把它们转换成 Coverage 并导入 84 地理数据库时，它们仍然没有投影和坐标系。为了后面操作的正确性，要先为这些数据设置空间参考。

Step1: 在 ArcCatalog 的目录树中右键单击地理数据库 84 下的 hydro 图层名，在弹出菜单中单击*属性*，打开**要素类属性**对话框。

Step2: 在**要素类属性**对话框中单击 **XY 坐标系**属性页，单击添加坐标系图标，在下拉菜单中单击*导入…*，如图 8.4.3 所示，打开**浏览数据集或坐标系**对话框。

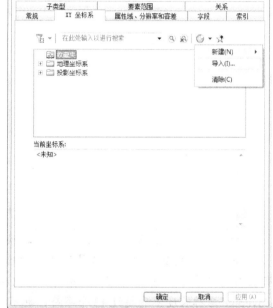

图 8.4.2　将 hydro0 导入 84 地理数据库　　图 8.4.3　准备为 hydro 图层导入投影和坐标系

Step3: 在**浏览数据集或坐标系**对话框中将数据集定位至 84 地理数据库中的 cropcov 要素类，如图 8.4.4 所示，单击添加按钮，将 hydro 图层的空间参考设置为与要素类 cropcov 一致，并回到**要素类属性**对话框，如图 8.4.5 所示。

Step4: 单击**确定**按钮，完成 hydro 图层的空间参考设定。

按照设定空间参考的方法，将 84 地理数据库中的 roads 和 soils 图层也设置为和 cropcov 要素类相同的空间参考。

Tips: 另一种为图层或要素类设置空间参考的方法是，在 ArcToolbox 中依次单击"*数据管理工具→投影和变换→定义投影*"，利用定义投影工具为图层或要素类设置空间参考。

至此，数据预处理的工作完毕，接下来将进行空间分析的工作。

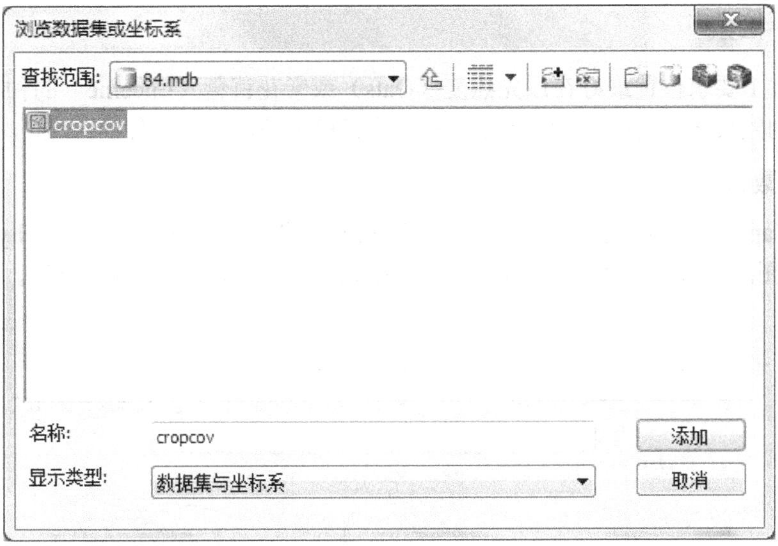

图 8.4.4 为 hydro 设置与 cropcov 相同的空间参考

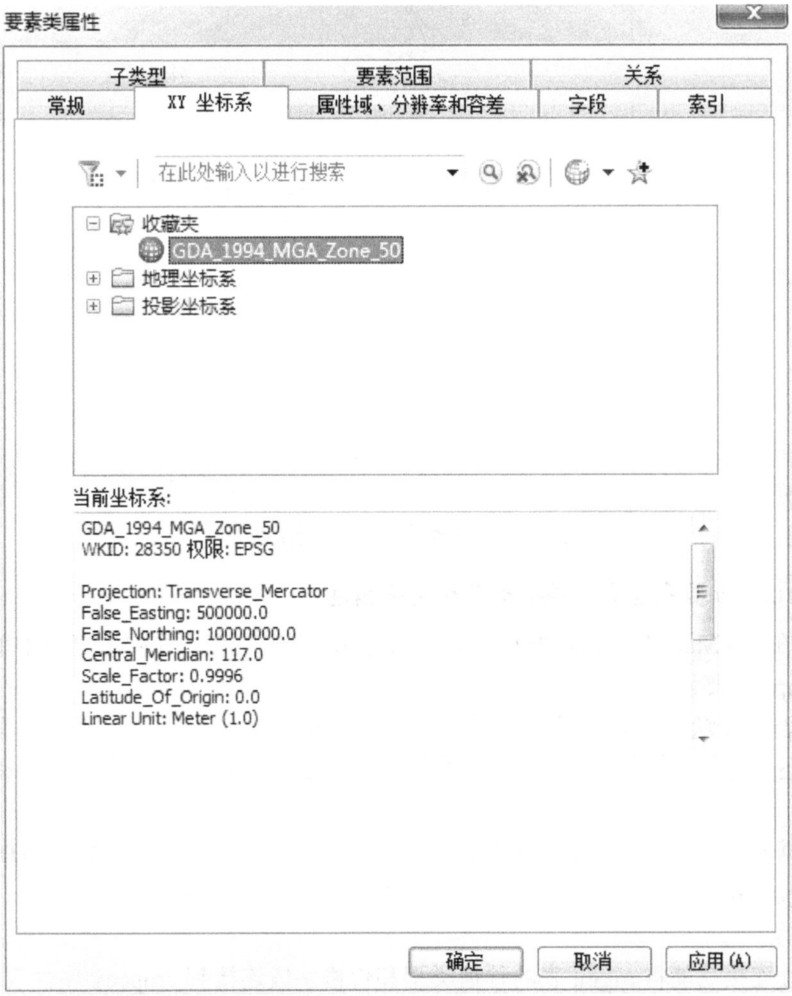

图 8.4.5 为 hydro 图层导入的投影和坐标系

8.4.3　条件检索

选址条件 1 要求位置最好在原先燕麦（Oats）或紫花苜蓿（Lucerne）的种植区域。通过在现有农作物生长区域 cropcov 要素类中进行检索找出满足这个条件的区域。

1．添加数据

在 ArcMap 中单击添加数据图标 ✚，将 cropcov 要素类、mgmt 表、soiltype 表、hydro 图层、roads 图层和 soils 图层添加到内容列表和地图窗口中，如图 8.4.6 所示。

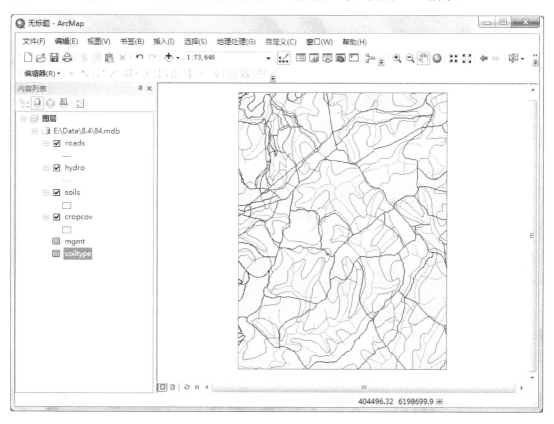

图 8.4.6　燕麦试验田选址所用数据

2．为 cropcov 要素类添加种植类型和价格属性

Step1：在 ArcMap 内容列表中右键单击 cropcov 要素类名，在弹出菜单中单击*打开属性表*，打开 cropcov 要素类的属性表，如图 8.4.7 所示。

在属性表中除默认字段外只有类型编号属性 TypeID。因为需要按照种植类型选择合适区域，最后还要进行预算，所以 cropcov 要素类中的要素需要有种植类型属性和土地价格属性。

地理数据库中的已有数据 mgmt 表文件中存储了用地类型编号（MGMTNUM）与种植种类（MGMTNAME）和土地价格（Price）的对应关系，如图 8.4.8 所示，其中，土地价格的单位为元/公顷。

利用属性连接功能将 mgmt 表的种植类型和价格字段连接到 cropcov 属性表中。

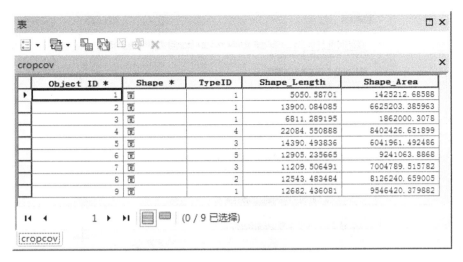

图 8.4.7 cropcov 的属性表

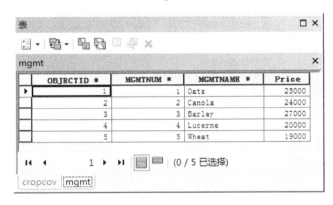

图 8.4.8 mgmt 表

Step2： 在 ArcMap 的内容列表中右键单击 cropcov 要素类名，在弹出菜单中依次单击"*连接和关联→连接*"，打开**连接数据**对话框。

Step3： 在**连接数据**对话框中将**要将哪些内容连接到该图层**设置为某一表的属性，将 TypeID 设置为**连接将基于的字段**，将 mgmt 设置为**连接到此图层的表**，将 MGMTNUM 字段设置为**此表中要作为连接基础的字段**，如图 8.4.9 所示。

Tips： 连接功能也可以利用 ArcToolbox 工具完成。在 ArcToolbox 中依次单击"*数据管理工具→连接→连接字段*"，利用连接字段工具完成。

Step4： 单击**确定按钮**，将 mgmt 表的属性连接到 cropcov 要素类，也就为每一个地块赋予了种植类型和土地价格。

数据连接通常用于通过两个表的公共字段将一个表的字段追加到另一个表中，这个公共字段的名称可以不相同，但类型一定要相同，否则无法匹配。可以将多个表或图层连接到一个表或图层。

类似于连接，ArcGIS 还提供一个名为关联的工具。与连接不同，关联只是在两个表之间定义一个关系，其属性数据也不会像连接表那样追加到表中。也就是说，进行关联操作后，属性表是不变的。

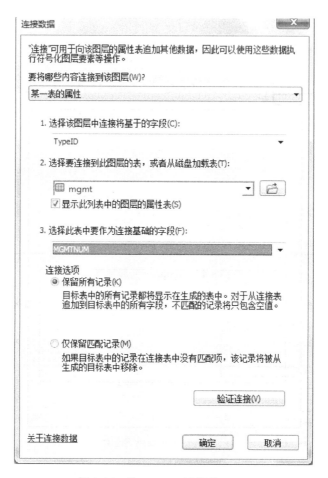

图 8.4.9　为 cropcov 连接表 mgmt

通常当两个表中的数据存在一对一或多对一关系时，用连接操作两个表；当两个表中的数据存在一对多或多对多关系时，用关联操作两个表。

需要注意的是，无论是连接还是关联两个表之后，ArcGIS 存储的都是连接或关联的关系，而不是数据本身。在下次打开被追加属性的表时，是通过这种连接或关联关系找到源表将属性追加过去或提供关联关系的，而不是存储连接属性本身。所以当表更换路径存储时，就无法显示连接或关联后的属性或关系了。若读者想将连接后的属性存储下来，要通过导出包含连接数据的图层，得到一个包含连接字段的新要素类。

3. 分析满足条件 1 的区域

条件 1 为位置最好在原先燕麦（Oats）或紫花苜蓿（Lucerne）的种植区域，利用 ArcMap 的选择工具完成满足条件 1 的地块的选取。

Step1：依次单击 ArcMap 主菜单上的"*选择→按属性选择*"，打开**按属性选择**对话框。

Step2：在**按属性选择**对话框中将**图层**设置为 cropcov，**方法**设置为创建新选择内容，在字段列表中单击[mgmt.MGMTNAME]，然后单击下方的**获取唯一值**按钮，在中部的编辑框中出现[mgmt.MGMTNAME]属性字段的 5 种值，在下方的编辑框中通过双击字段名和属性值、单击操作符的方法输入表达式：[mgmt.MGMTNAME] = 'Oats' OR [mgmt.MGMTNAME] = 'Lucerne'，如图 8.4.10 所示。

Step3：单击**确定**按钮，满足条件的地块被选择出来并高亮显示，如图 8.4.11 所示。

图 8.4.10　按属性选择燕麦或紫花苜蓿种植区域

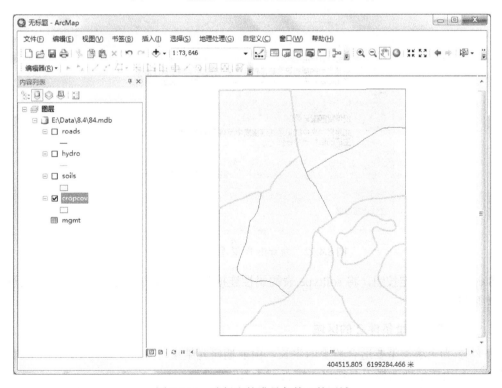

图 8.4.11　选择出的满足条件 1 的区域

Tips：选择满足条件 1 的区域也可以利用 ArcToolbox 的筛选工具完成。在 ArcToolbox 中依次单击"*分析工具→提取分析→筛选*"启动筛选工具。

4．为 soils 图层添加土壤类型属性

选址条件 2 要求土壤类型要适合燕麦的生长，但现有 soils 图层中没有土壤类型字段，需要通过连接属性操作将土壤类型表 soiltype 连接到土壤图层 soils。

Step1：在 ArcMap 的内容列表中右键单击 soils 图层名，在弹出的菜单中依次单击"*连接和关联→连接*"，打开**连接数据**对话框。

Step2：在**连接数据**对话框中将**要将哪些内容连接到该图层**设置为某一表的属性，将 SOILS0_ID 设置为**连接将基于的字段**，将 soiltype 设置为**连接到此图层的表**，将 SOILNUM 字段设置为**此表中要作为连接基础的字段**，如图 8.4.12 所示。

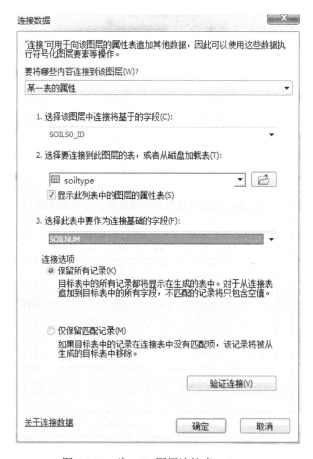

图 8.4.12　为 soils 图层连接表 soiltype

Step3：单击**确定**按钮，将 soiltype 表的属性连接到 soils 图层，也就为每个地块赋予了土壤类型属性。

5．分析满足选址条件 2 的区域

条件 2 为土壤类型要适合燕麦的生长。由前期研究结果可知，类型为 BE 的土壤适合燕麦生长。利用按属性选择工具选出土壤类型为 BE 的地块。

Step1：依次单击 ArcMap 主菜单上的"*选择→按属性选择*"，打开**按属性选择**对话框。

Step2：在**按属性选择**对话框中将**图层**设置为 soils，**方法**设置为创建新选择内容，在字段列表中单击[soiltype.SOIL_CODE]，然后单击下方的**获取唯一值**按钮，在中部的编辑框中出现[soiltype.SOIL_CODE]属性字段的 12 种值，在下方的编辑框中通过双击字段名和属性值、单击操作符的方法输入表达式：[soiltype.SOIL_CODE] = 'BE'，如图 8.4.13 所示。

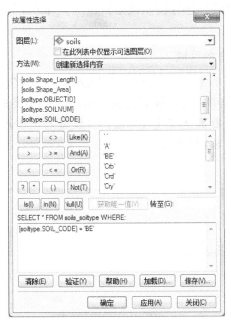

图 8.4.13　按属性选择适合燕麦生长的区域

Step3：单击**确定**按钮，满足条件的地块被选择出来并高亮显示，如图 8.4.14 所示。

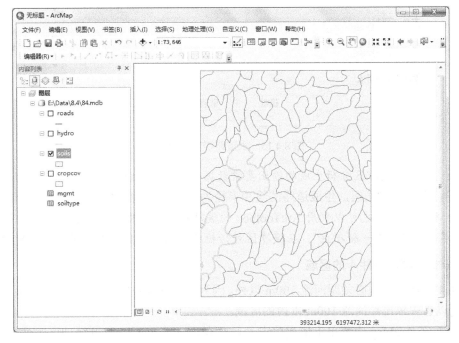

图 8.4.14　选出的适合燕麦生长的区域

至此，满足条件 1 和条件 2 的地块分别都已找出。

8.4.4 缓冲区分析

选址条件 3 要求必须选址在距现有公路 400m 以内的范围；选址条件 4 要求选址区域必须距河流 100m 以外。利用缓冲区分析来确定公路周围 400m 的区域，河流周围 100m 的区域。

1．分析满足选址条件 3 的区域

Step1：在 ArcMap 主菜单上依次单击"*地理处理→缓冲区*"，打开**缓冲区**对话框。

Step2：在**缓冲区**对话框中将**输入要素**设置为 roads，**输出要素类**命名为 buffRoads，存储在本节的 Result 文件夹下，**距离选择线性单位**，并设置为 400m，**融合类型**设置为 ALL，其他选项保持默认设置，如图 8.4.15 所示。

图 8.4.15　求道路缓冲区设置

Tips：ArcGIS 缓冲区分析生成的输出要素数据类型为 Shapefile。

Step3：单击**确定**按钮，生成道路的缓冲半径为 400m 的缓冲区，如图 8.4.16 所示。

Tips：缓冲区分析也可以利用 ArcToolbox 的缓冲区工具完成。在 ArcToolbox 中依次单击"*分析工具→邻域分析→缓冲区*"。在**缓冲区**对话框中参照图 8.4.13 进行缓冲区分析的设置。

2．分析不满足条件 4 的区域

条件 4 为选址区域必须距河流 100m 以外。因为在 ArcGIS 中没有工具可以直接完成此项分析，所以首先求出距河流 100m 以内的区域。

Step1：在 ArcMap 主菜单上依次单击"*地理处理→缓冲区*"，打开**缓冲区**对话框。

Step2：在**缓冲区**对话框中将**输入要素**设置为 hydro，**输出要素类**命名为 buffHydro，存储在本节的 Result 文件夹下，**距离**选择**线性单位**，并设置为 100m，**融合类型**设置为 ALL，其他选项保持默认设置，如图 8.4.17 所示。

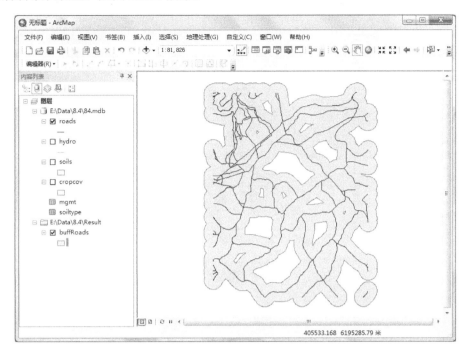

图 8.4.16 对道路做缓冲区分析结果

图 8.4.17 求河流缓冲区设置

Step3：单击**确定**按钮，生成河流 100m 缓冲区，结果如图 8.4.18 所示。

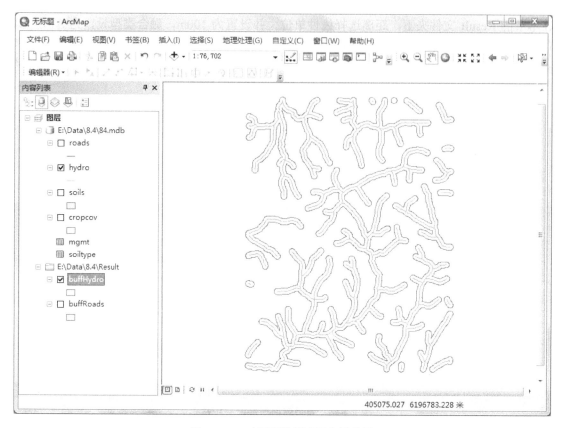

图 8.4.18　对河流做缓冲区分析结果

思考：在**缓冲区**对话框中除输入的内容外，还有几个可以设置的参数：侧类型、末端类型、方法、融合类型及融合字段。读者可以通过对话框右侧的帮助菜单来了解这些参数的含义，也可以通过参数选择来查看缓冲区分析结果的差异。

思考：是否在 ArcGIS 中可以找到工具能够直接分析出满足条件 4 的区域？如果可以，是什么工具？

至此，满足条件 3 的区域和不满足条件 4 的区域都已找出。

8.4.5　叠加分析

题目要求同时满足以上 4 个条件，利用叠加分析来完成这个操作。对满足条件 1、2、3 的图层进行叠加相交，再擦除不满足条件 4 的区域。

1．分析同时满足条件 1、2、3 的区域

Step1：依次单击 ArcMap 主菜单上的"*地理处理→相交*"，打开**相交**对话框。

Step2：在**相交**对话框中将 cropcov、soils 和 buffRoads 设置为**输入要素**，将**输出要素类**命名为 interCSR，保存在本节的 Result 文件夹下，如图 8.4.19 所示。

Tips：此处的 cropcov 和 soils 图层一定是进行过条件检索的结果。

思考：如果 cropcov 和 soils 未进行条件检索，是原始数据，会是什么结果？

Step3：单击**确定**按钮，得到 cropcov、soils 和 buffRoads 的叠加相交结果，即满足条件 1、2、3 的区域，如图 8.4.20 所示。

图 8.4.19 对 cropcov、soils 和 buffRoads 进行相交设置

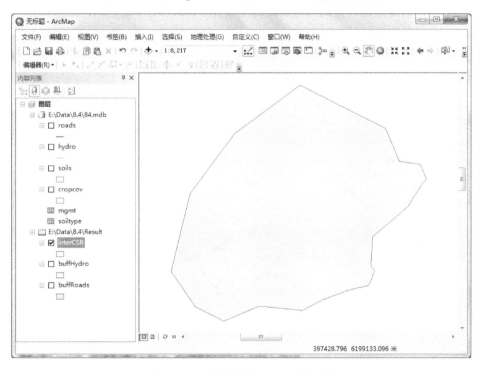

图 8.4.20 满足条件 1、2、3 的区域

Tips: 相交分析也可以利用 ArcToolbox 的相交分析工具完成。在 ArcToolbox 中依次单击 "*分析工具→叠加分析→相交*"。在**相交**对话框中参照图 8.4.13 进行相交分析的设置。

2. 分析同时满足条件 1、2、3、4 的区域

Step1：在 ArcMap 工具栏中单击 ArcToolbox 图标 ，打开 ArcToolbox 工具箱。

Step2：在 ArcToolbox 中依次单击 "*分析工具→叠加分析*"，打开**叠加分析**工具箱。

Step3：双击*擦除*，打开**擦除**对话框。

Step4: 在**擦除**对话框中将**输入要素**设置为 interCSR，**擦除要素**设置为 buffHydro，**输出要素类**命名为 Lab，存储在本节的 Result 文件夹下，如图 8.4.21 所示。

图 8.4.21　求满足条件 1、2、3、4 区域设置

Step5: 单击**确定**按钮，得到同时满足选址条件 1、2、3、4 的区域，结果如图 8.4.22 所示。

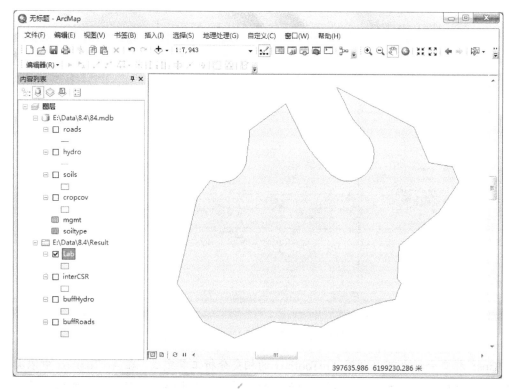

图 8.4.22　满足条件 1、2、3、4 的区域

8.4.6　确定面积满足要求的区域

条件 5 为选址区域面积要大于 1 公顷，所以要计算 Lab 要素类中多边形以公顷为单位的面积。

1. 添加面积字段

Step1：在 ArcMap 内容列表中右键单击图层 Lab，在弹出菜单中单击*打开属性表*。

Step2：在属性表中单击左上角的表选项图标 ，在弹出菜单中单击*添加字段*，打开**添加字段**对话框。

Step3：在**添加字段**对话框中将**名称**设置为 LabArea，**类型**设置为浮点型，如图 8.4.23 所示。

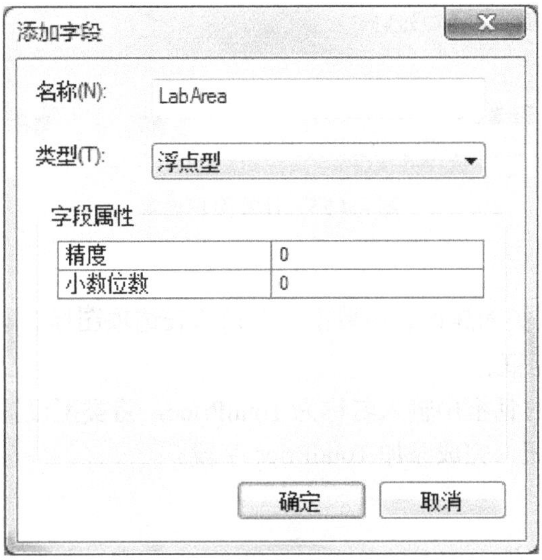

图 8.4.23　添加新字段 LabArea

Step4：单击**确定**按钮，完成添加 LabArea 字段。

2. 计算面积

Step1：在 LabArea 属性表中右键单击 LabArea 字段名，在弹出菜单中单击*计算几何*，系统可能会弹出一个警告对话框，如图 8.4.24 所示，单击**是**按钮，打开**计算几何**对话框。

图 8.4.24　警告对话框

Step2：在**计算几何**对话框中选择面积作为**属性**，将**单位**设置为公顷，如图 8.4.25 所示。

Step3：单击**确定**按钮，系统可能又会弹出警告对话框，单击**是**按钮，完成面积计算，计算结果为 56.956 公顷。

图 8.4.25　计算面积设置

3．添加总价字段

Step1：在 Lab 要素类的属性表中单击左上角的表选项图标 ，在弹出菜单中单击*添加字段*，打开**添加字段**对话框。

Step2：在**添加字段**对话框中输入**名称**为 TotalPrice，将**类型**设置为浮点型。

Step3：单击**确定**按钮，完成添加 TotalPrice 字段。

4．计算总价

Step1：在 LabArea 属性表中右键单击 TotalPrice 字段名，在弹出菜单中单击*字段计算器*，系统可能会弹出警告对话框，单击**是**按钮，打开**字段计算器**对话框。

Step2：在**字段计算器**对话框中输入表达式：[LabArea] * [mgmt_Price]。

Step3：单击**确定**按钮完成总价计算，计算结果为 1 423 900 元，作为预算参考。

8.5　洪水灾害损失的分析

8.5.1　问题和数据分析

1．洪水灾害指标

（1）洪水灾害自然特征指标。

洪水灾害发生的位置：洪水灾害发生的地理位置或区域，自然位置以经纬度或投影坐标表示，社会位置以所属行政单元表示。

洪水灾害影响的范围：直接过水或受淹地区，自然影响范围用淹没范围图表达，社会影响范围以洪水所影响的行政管辖范围表达。

洪水淹没深度：受淹地区积水深度，洪水淹没深度是度量洪水灾害严重程度的一个重要指标，是评价洪水灾害损失的一个重要因子。

（2）洪水灾害社会特征指标。

人口指标：包括受灾人口、死亡人口、受伤人口和影响人口。

淹没土地利用类型：淹没范围内的土地利用现状。

房屋：洪水淹没、冲垮和破坏的各种房屋。

农作物：洪水长时间淹没或冲毁农田而造成农作物减产、绝收的面积或产量损失。

传染病：因长期水灾引起的疾病。

（3）洪水灾害经济损失指标。

财产损失率：财产损失率是指洪水淹没区各类财产损失的价值与灾前原有价值或正常年份各类财产价值之比。显然，确定了各类财产的洪水灾害损失率，乘以灾前原有各类财产的价值，就可以得到遭受洪水灾害后各类财产的损失值。财产损失率是基于居民经验和相关科技人员调查、统计得来的。不同土地利用类型在不同淹没深度下的损失率是不同的。

面上综合经济损失描述指标：除了财产损失率直接用来描述经济损失外，常用面上综合经济损失描述指标来描述经济损失，主要有亩均损失值指标、单位面积损失值指标和人均损失值指标。

2．问题提出

洪水淹没有一个最高水位，因此可以根据高程分布数据，与地块类型多边形进行联合分析，通过条件检索得到小于洪水最高水位的淹没区内不同的地块类型，根据不同地块类型的估计财产及损失系数等参数计算财产损失，分析准则如下。

（1）洪水水位的相对高程为500。

（2）估计住宅用地被洪水淹没而造成的损失。损失大小和居民的财产、地基稳定性有关，计算公式为：估计损失 = 面积×地均财产×损失系数。

3．数据准备

针对洪水淹没损失的评估条件，现已获得该地区数字化后的地块边界线 land 和等高线 height，土地利用类型表 landuse 和损失系数表 damage，存储在 E:\Data\8.5 文件夹下的名为 85 的地理数据库中。

该地区 land 要素类的地块编号如图 8.5.1（a）所示，height 要素类的高程分布如图 8.5.1（b）所示。land 要素类的属性如表 8.5.1 所示。

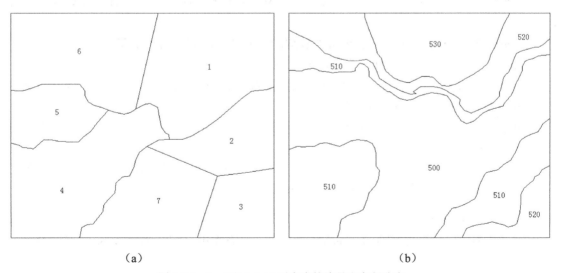

（a）   （b）

图 8.5.1　land 和 height 要素类的编号和高程分布

表 8.5.1　land 要素类地块属性表

多边形编号	面　　积	土地使用	估计财产	地基类型	地均财产
1		R1	10000	A	
2		R2	50000	C	
3		C	30000	B	
4		C	90000	A	
5		R1	100000	C	
6		R1	115000	A	
7		R2	100000	C	

土地使用类型中，R1 为一类住宅用地，R2 为二类住宅用地，C 为公共设施用地。

对每一类地基，根据其地基类型，确定其稳定性及房屋倒塌的可能性，称之为损失系数，不同地基类型对应的损失系数如表 8.5.2 所示。

表 8.5.2　不同地基类型对应的损失系数

地 基 类 型	损 失 系 数
A	0.75
B	0.25
C	0.50

8.5.2　数据预处理

由于在分析中需要对多边形数据进行操作，而获取的原始数据为线类型的数据，并且原始线数据中的属性值也不能支持灾害损失估计的分析，所以要先将边界线表达的地块和等高线表达的高程生成多边形数据。

1．地块边界转面

Step1：在 ArcMap 工具条上单击添加数据工具图标 ✛，将 land 线要素类、landuse 表和 damage 表添加到内容列表和地图窗口中。

Step2：在 ArcMap 中单击标准工具条上的 ArcToolbox 工具图标 ⬛，打开 ArcToolbox 窗口。

Step3：在 ArcToolbox 中依次单击"*数据管理工具→要素*"，打开**要素**工具箱。

Step4：双击*要素转面*，打开**要素转面**对话框。

Step5：在**要素转面**对话框中将**输入要素**设置为 land，**输出要素类**命名为 landA 存放在本节的 Result 文件夹下，如图 8.5.2 所示。

Step6：单击**确定**按钮，完成线要素到面类型的转换，结果如图 8.5.3 所示，共有 7 个地块。

Tips：这里完成的是线要素类到面类型的转换，转换的面是 shapefile 格式的，不是要素类，所以无法完成某些针对要素类的操作，如更改字段等。

2．为 landA 添加属性字段

由边界线要素类 land 转换成的 landA 面此时还没有面积、编号等属性，为了后续的分析，需要添加这些属性。

Step1：在 ArcMap 工具栏中单击 ArcToolbox 图标 ⬛，打开 ArcToolbox 工具箱。

Step2：在 ArcToolbox 中依次单击"*数据管理工具→字段*"，打开**字段**工具箱。

Step3：双击*添加字段*，打开**添加字段**对话框。

图 8.5.2　地块边界线要素类转面

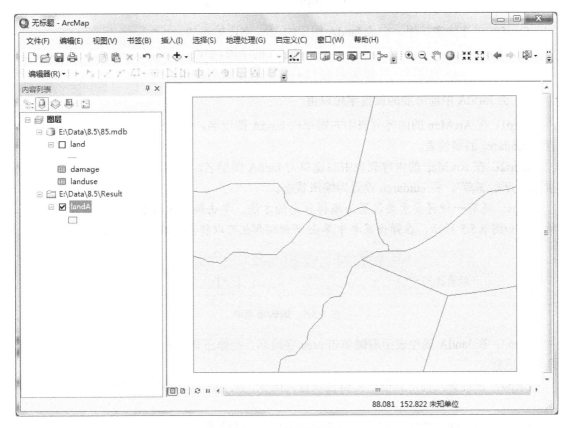

图 8.5.3　地块面图层

Step4：在**添加字段**对话框中将**输入表**设置为 landA，**字段名**设置为 area，**字段类型**设置为 FLOAT，其他选项保持默认设置，如图 8.5.4 所示。

图 8.5.4　为地块面要素类添加字段名

Step5：单击**确定**按钮，完成 landA 图层的 area 字段的添加。

用同样的方法再为 landA 添加一个名为 lnum 的字段，字段类型为 LONG，表示地块编号；添加一个名为 avgp 的字段，字段类型为 FLOAT，表示地均财产。

3．为 landA 中新添加的属性字段赋值

Step1：在 ArcMap 的内容列表中右键单击 landA 图层名，在弹出菜单中单击*打开属性表*，打开 landarea 的属性表。

Step2：在 ArcMap 的内容列表中右键单击 landA 图层名，在弹出菜单中依次单击"*编辑要素→开始编辑*"，将 landarea 设置为编辑状态。

Tips：还有一种将要素类设置为编辑状态的方法，单击编辑工具条上编辑器右侧的下拉箭头，如图 8.5.5 所示，在弹出菜单中单击*开始编辑*也可以将要素类设置为编辑状态。

图 8.5.5　编辑器菜单

Step3：在 landA 属性表中右键单击 area 字段名，在弹出菜单中单击*计算几何*，打开**计算几何**对话框。

Step4：在**计算几何**对话框中将**属性**设置为面积，其他选项保持默认设置，如图 8.5.6 所示。

Step5：单击**确定**按钮，完成 area 字段的计算，结果如图 8.5.7 所示。

Step6：对照图 8.5.1（a）完成每个地块编号 lnum 属性值的添加，结果如图 8.5.8 所示。

Tips：当单击属性表中的一行记录使其高亮显示时，对应的地图窗口中的要素也会被高亮显示，这是对照图 8.5.1（a）中的地块编号为 landA 中的要素输入 lnum。

图 8.5.6　计算几何设置

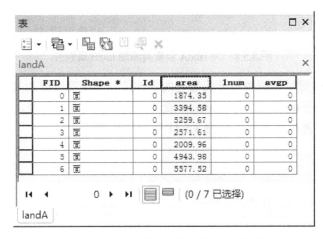

图 8.5.7　通过计算几何获得的 area 属性值

Step7：为每个地块编辑好 lnum 属性值后，单击**编辑器**工具条上**编辑器**按钮右侧的下拉箭头，在弹出菜单中单击*停止编辑*完成编辑并保存编辑结果。

4．为 landA 连接属性

估计损失需要的土地使用类型、地基类型、估计财产、损失系数等都需要添加到 landA 要素类的属性表中。本例中通过属性连接将这些属性添加到 landA 的属性表中。

Step1：在 ArcMap 内容列表中右键单击图层名 landA，在弹出菜单中依次单击"*连接和关联→连接*"，打开**连接数据**对话框。

Step2：在**连接数据**对话框中将**要将哪些内容连接到该图层**设置为某一表的属性，将 lnum 设置为**连接将基于的字段**，将 landuse 设置为**连接到此图层的表**，将 OBJECTID 字段设置为**此表中要作为连接基础的字段**，如图 8.5.9 所示。

Step3：单击**确定**按钮将 landuse 表的属性连接到 landA 图层，为每个地块赋予了土地使用、估计财产和地基类型，如图 8.5.10 所示。

Step4：再次在 ArcMap 内容列表中右键单击图层名 landA，在弹出菜单中依次单击"*连接和关联→连接*"，打开**连接数据**对话框。

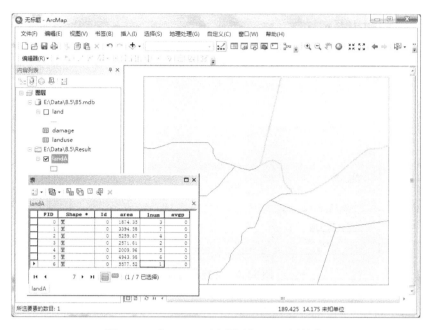

图 8.5.8　为 landA 要素类添加 lnum 属性值

Step5：在**连接数据**对话框中将**要将哪些内容连接到该图层**设置为**某一表的属性**，将地基类型设置为**连接将基于的字段**，将 damage 设置为**连接到此图层的表**，将地基类型字段设置为**此表中要作为连接基础的字段**，如图 8.5.11 所示。

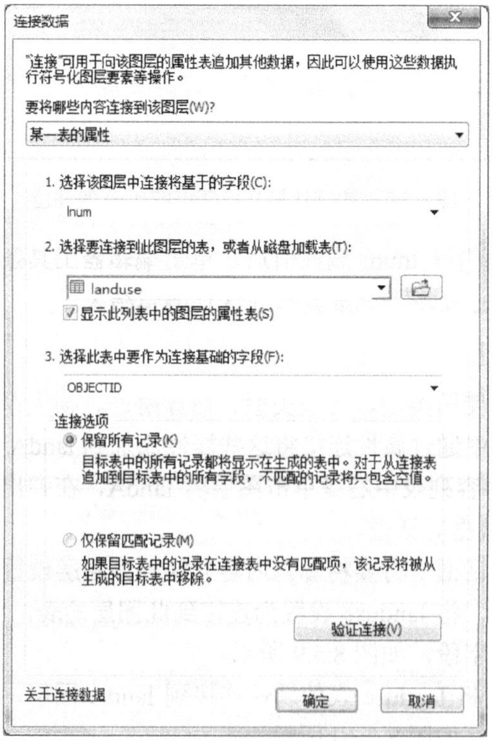

图 8.5.9　为 landA 要素类连接 landuse 表属性

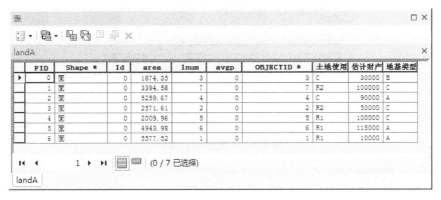

图 8.5.10　连接 landuse 表属性后的 landA 要素类属性表

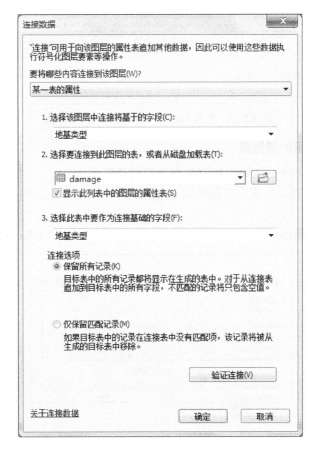

图 8.5.11　为 landA 要素类连接 damage 表属性

Tips：在图 8.5.11 中，第一个地基类型是 landA 中的字段，第二个地基类型是表 damage 中的字段。

Step6：单击**确定**按钮，系统可能会弹出一个警告对话框提示未建立索引，如图 8.5.12 所示。单击**是**按钮建立索引，也可以单击**否**按钮不建立索引。是否建立索引不影响本例后续的分析。

以地基类型为关键字将 damage 表的属性连接到 landarea 图层，为每个地块赋予了损失系数，如图 8.5.13 所示。

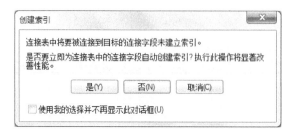

图 8.5.12 提示创建索引

FID	Shape *	Id	area	lnum	avgp	OBJECTID *	土地使用	估计财产	地基类型	OBJECTID *	地基类型 *	损失系数
0	面	0	1874.35	3	0	3	C	30000	B	2	B	.25
1	面	0	3394.58	7	0	7	R2	100000	C	3	C	.5
2	面	0	5259.67	4	0	4	C	90000	A	1	A	.75
3	面	0	2571.61	2	0	2	R2	50000	C	3	C	.5
4	面	0	2009.96	5	0	5	R1	100000	C	3	C	.5
5	面	0	4943.98	6	0	6	R1	115000	A	1	A	.75
6	面	0	5577.52	1	0	1	R1	10000	A	1	A	.75

图 8.5.13 连接 damage 表后的 landA 属性表

5. 计算 avgp 字段的属性值

avgp 为地均财产，表示地块中单位面积上的财产值。

Step1：在 landA 的属性表中右键单击 avgp 字段名，在弹出菜单中单击*字段计算器*，打开字段计算器对话框。

Step2：在**字段计算器**中输入计算表达式：[landuse.估计财产] / [landA.area]，如图 8.5.14 所示。

图 8.5.14 计算地均财产

Step3：单击**确定**按钮，完成 avgp 的计算，结果如图 8.5.15 所示。

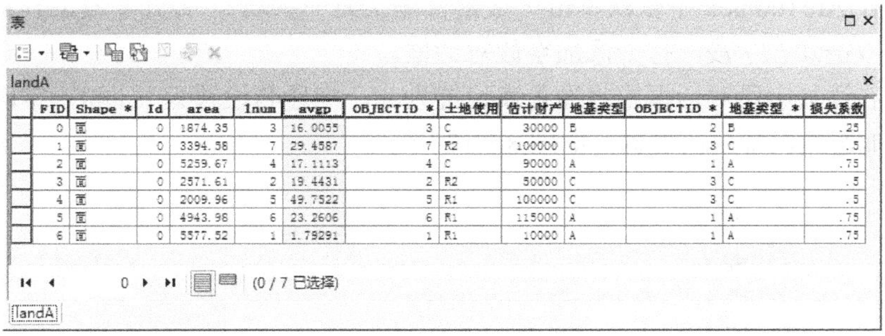

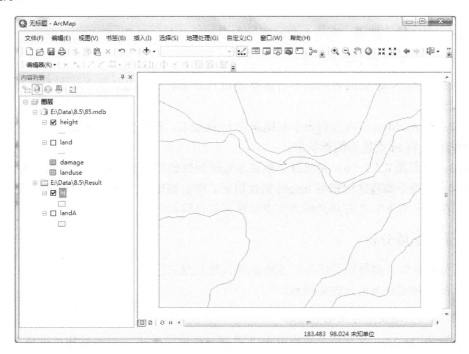

图 8.5.15　计算得到的地均财产值

6. 等高线转面

Step1：在 ArcMap 工具条上单击添加数据工具图标 ✛，将 height 线要素类添加到内容列表和地图窗口中。

Step2：在 ArcToolbox 中依次单击"*数据管理工具→要素*"，打开**要素**工具箱。

Step3：双击*要素转面*，打开**要素转面**对话框。

Step4：在**要素转面**对话框中将**输入要素**设置为 height，**输出要素类**命名为 ht 存放在本节的 Result 文件夹下。

Step5： 单击**确定**按钮，将 height 线要素转为 ht 面类型，结果如图 8.5.16 所示，共有 7 个多边形。

图 8.5.16　等高线转成的高程分布面图层

7. 为 ht 添加属性字段

由线要素类 height 转换成的 ht 面要素类此时还没有高程属性，为了后续的分析，需要添加高程属性。

Step1：在 ArcToolbox 中依次单击"*数据管理工具→字段*"，打开**字段**工具箱。

Step2：双击*添加字段*，打开**添加字段**对话框。

Step3：在**添加字段**对话框中将**输入表**设置为 ht，**字段名**设置为 height，**字段类型**设置为 FLOAT，其他选项保持默认设置，如图 8.5.17 所示。

图 8.5.17　为 ht 面要素类添加属性字段 height

Step4：单击**确定**按钮，完成 height 字段的添加。

8．为 ht 中的 height 字段赋值

Step1：在 ArcMap 的内容列表中右键单击 ht 图层名，在弹出菜单中单击*打开属性表*，打开 ht 的属性表。

Step2：在 ArcMap 的内容列表中右键单击 ht 图层名，在弹出菜单中依次单击"*编辑要素→开始编辑*"，将 ht 设置为编辑状态。

Step3：对照图 8.5.1（b）完成每个地块 height 属性值的添加，结果如图 8.5.18 所示。

Step4：为每个高程区编辑好 height 属性值后，单击**编辑器**工具条上**编辑器**按钮右侧的下拉箭头，在弹出菜单中单击*停止编辑*完成编辑并保存编辑结果。

8.5.3　受灾区域分析

根据分析条件，高程低于或等于 500 的居民地是受灾区域。在土地使用类型中属性值为 R1 和 R2 的两种用地类型为住宅用地。

1．检索出土地使用为住宅的区域

Step1：在 ArcMap 主菜单上依次单击"*选择→按属性选择*"，打开**按属性选择**对话框。

Step2：在**按属性选择**对话框中将**图层**设置为 landA，**方法**设置为创建新选择内容，在属性文本框单击"landuse.土地使用"属性，再单击**获取唯一值**按钮，在选择表达式编辑框中输入 "landuse.土地使用" = 'R1' OR "landuse.土地使用" = 'R2'，如图 8.5.19 所示。

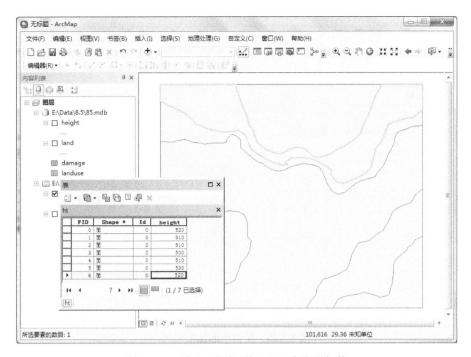

图 8.5.18　为 ht 面图层的 height 字段添加值

Tips：在此步操作中，也可以省略单击获取唯一值按钮操作，直接在编辑框中通过键盘输入'R1'和'R2'。

Step3：单击**确定**按钮，选出住宅用地，结果如图 8.5.20 所示，有 5 个符合要求的地块。

图 8.5.19　检索住宅用地条件

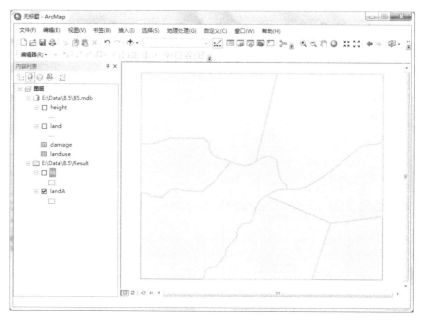

图 8.5.20　检索出的住宅用地

2. 检索出高程低于或等于 500 的区域

Step1：在 ArcMap 主菜单上依次单击"*选择→按属性选择*"，打开**按属性选择**对话框。

Step2：在**按属性选择**对话框中将**图层**设置为 ht，**方法**设置为创建新选择内容，在属性文本框单击"height"属性，再单击**获取唯一值**按钮，在选择表达式编辑框中输入"height" <= 500，如图 8.5.21 所示。

图 8.5.21　检索高程满足要求条件

Step3：单击**确定**按钮，选出高程低于或等于 500 的区域，结果如图 8.5.22 所示，有 1 个符合要求的地块。

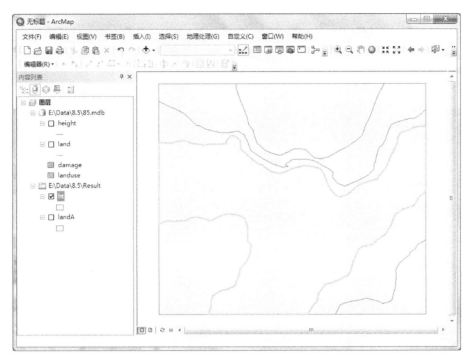

图 8.5.22　检索出的高程满足要求的区域

3．分析高程低于或等于 500 的住宅区域

Step1：在 ArcMap 主菜单上依次单击"*地理处理→相交*"，打开**相交**对话框。

Step2：在**相交**对话框中将**输入要素**设置为 landA 和 ht，**输出要素类**命名为 lh 存储在本节的 Result 文件夹下，如图 8.5.23 所示。

图 8.5.23　分析满足高程和住宅要求区域的条件

Step3：单击**确定**按钮，完成相交操作，得到高程低于或等于 500 的住宅区域，结果如图 8.5.24 所示。

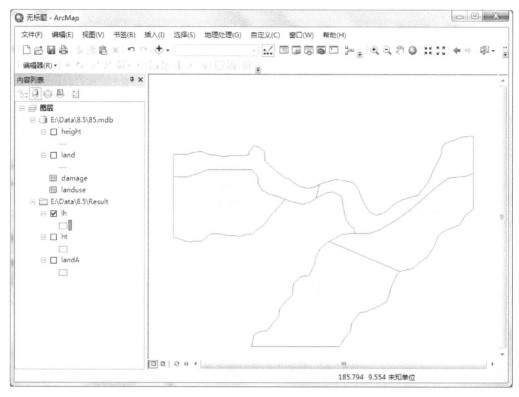

图 8.5.24　满足高程和住宅要求的区域

8.5.4　灾害损失估计

灾害损失估计的计算公式为：估计损失 = 面积*地均财产*损失系数。式中，面积是被淹没的土地面积，lh 要素类中目前还没有表示面积的字段，需要添加。

1．添加并计算 area 字段

Step1：在 ArcToolbox 中依次单击"*数据管理工具→字段*"，打开**字段**工具箱。

Step2：双击*添加字段*，打开**添加字段**对话框。

Step3：在**添加字段**对话框中为**输入表** lh 添加一个**字段名**为 area 的字段，**字段类型**为 FLOAT。

Tips：具体操作可参考 2.5.3 节。

Step4：在 lh 属性表中右键单击字段名 area，在弹出菜单中单击*计算几何*，打开**计算几何**对话框。

Step5：在**计算几何**对话框中，将**属性**设置为面积，如图 8.5.25 所示。

Tips：因为本例中的数据均未设置空间参考，所以坐标系和单位均为未知。

Step6：单击**确定**按钮，完成 area 字段的计算。

2．添加并计算 damage 字段

Step1：在 ArcToolbox 中依次单击"*数据管理工具→字段*"，打开**字段**工具箱。

Step2：双击*添加字段*，打开添加字段对话框。

图 8.5.25　计算 lh 要素类中 area 字段的面积值

Step3：在**添加字段**对话框中为**输入表** lh 添加一个**字段名**为 damage 的字段，表示该地块的洪水淹没损失估计，**字段类型**为 FLOAT，其他选项保持默认设置，单击**确定**按钮，完成 damage 字段的添加。

Step4：在 ArcToolbox 中依次单击"*数据管理工具→字段*"，打开**字段**工具箱。

Step5：双击*计算字段*，打开**计算字段**对话框。

Step6：在**计算字段**对话框中将**输入表**设置为 lh，**字段名**设置为 damage。根据损失估计的计算方法：估计损失 = 面积*地均财产*损失系数，输入**表达式**[area] * [landA_avgp] * [damage_损]，其他选项保持默认设置，如图 8.5.26 所示。

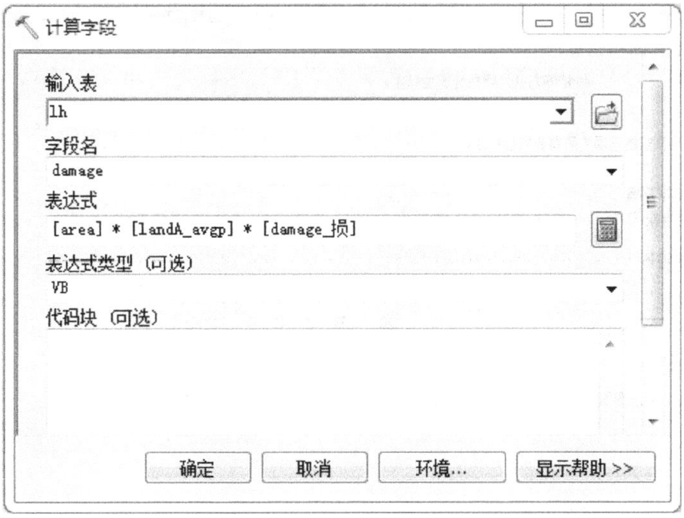

图 8.5.26　计算 lh 要素类中 damage 字段的值

思考：在 lh 要素类的属性表中有两个表示面积的字段，一个是 area，另一个是 landA_area，分别表示什么面积？为什么不用 landA_area 计算估计损失？

Step7：单击**确定**按钮，完成洪水灾害损失 damage 字段值的计算，计算结果如图 8.5.27 所示。

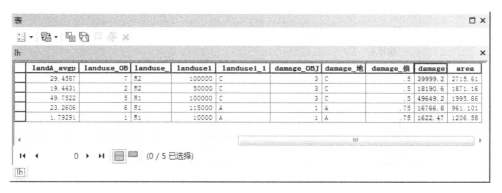

	landA_avgp	landuse_OB	landuse_	landuse1	landuse1_1	damage_OBJ	damage_地	damage_损	damage	area
	29.4587	7	R2	100000	C	3	C	.5	39999.2	2715.61
	19.4431	2	R2	50000	C	3	C	.5	18190.6	1871.16
	49.7522	5	R1	100000	C	3	C	.5	49649.2	1995.86
	23.2606	6	R1	115000	A	1	A	.75	16766.8	961.101
	1.79291	1	R1	10000	A	1	A	.75	1622.47	1206.58

图 8.5.27　damage 字段的计算值

Tips：这里介绍了两种添加字段的途径，一种是在属性表中添加，另一种是利用 ArcToolbox 工具添加。

3．将 damage 字段的值作为标注显示在地图上

Step1：在 ArcMap 的内容列表中右键单击 lh 图层名，在弹出菜单中单击*属性*，打开**图层属性**对话框。

Step2：在**图层属性**对话框中单击**标注**属性页。

Step3：在**标注**属性页中，将**方法**设置为**以相同方式为所有要素加标注**，**标注字段**设置为 damage，如图 8.5.28 所示。

Tips：读者可以根据显示情况设置标注的字体、颜色和大小。

图 8.5.28　将 damage 字段的值设置为显示标注

Step4：单击**确定**按钮，完成标注设置。

Step5：在 ArcMap 的内容列表中右键单击 lh 图层名，在弹出菜单中单击*标注要素*，将 damage 字段的值标注在地图上，如图 8.5.29 所示。

4．将 lh 图层改变显示方式

Step1：在 ArcMap 的内容列表中右键单击 lh 图层名，在弹出菜单中单击*属性*，打开**图层属性**对话框。

Step2：在**图层属性**对话框中单击**符号系统**属性页。

Step3：在**符号系统**属性页中将**显示**设置为"*类别→唯一值*"，将**值字段**设置为 damage，选择任意**色带**，单击**添加所有值**按钮，如图 8.5.30 所示。

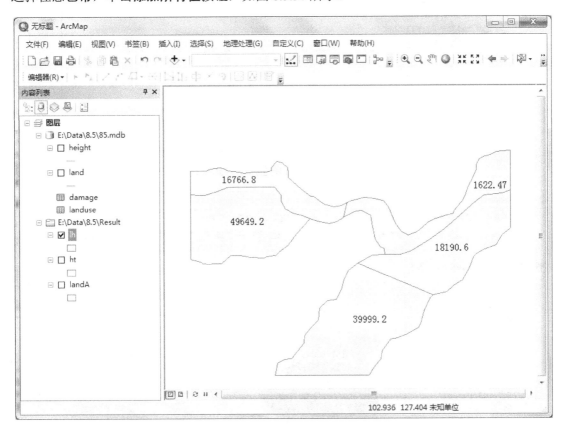

图 8.5.29　标注了 damage 字段值的 lh 图层

Step4：单击**确定**按钮，完成符号系统的设置，结果如图 8.5.31 所示。从图中可以直观地看出损失大小的分布。颜色越深的地区损失越大。

5．对损失进行统计

Step1：在 ArcMap 的内容列表中右键单击 lh 图层名，在弹出菜单中单击*打开属性表*，打开 lh 要素类的属性表。

Step2：在 lh 要素类属性表中右键单击 damage 字段名，在弹出菜单中单击*统计*，打开**统计数据 lh** 对话框，如图 8.5.32 所示。统计结果显示了 damage 字段，也就是洪水淹没估计损失的最大值、最小值、总和、平均值、标准差及频数分布等。

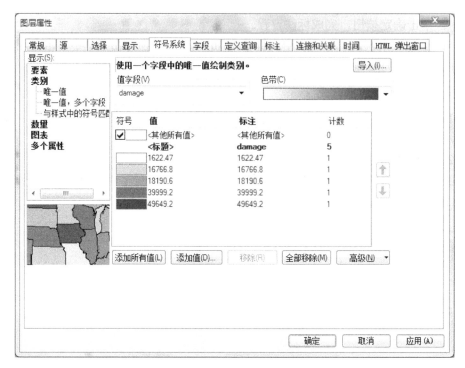

图 8.5.30　改变 lh 图层显示方式设置

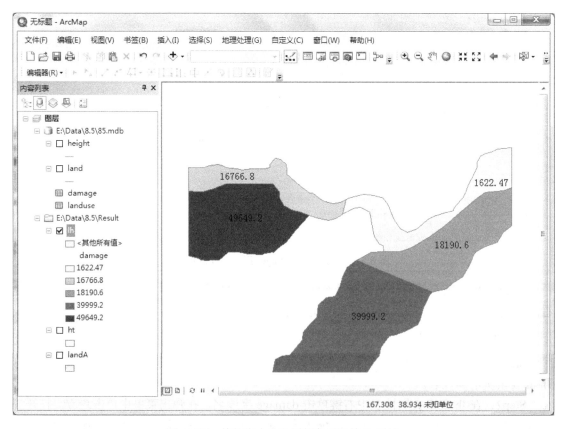

图 8.5.31　按损失大小设置颜色显示的 lh 图层

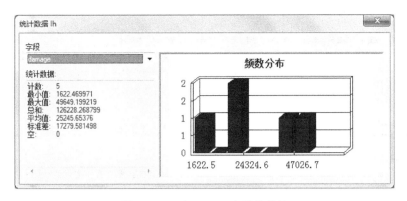

图 8.5.32　对 damage 字段的统计

思考：在 lh 要素类的属性表中有两个表示面积的字段，一个是 area，另一个是 landA_area，分别表示什么面积？为什么不用 landA_area 计算估计损失？

8.6　土壤肥沃度分析

8.6.1　问题和数据分析

1．问题提出

土壤的肥沃程度与土壤中微量元素的含量密切相关，通常通过测定土壤中微量元素的种类和含量来确定土壤的肥沃程度。本节将利用 ArcGIS 的空间分析、地统计分析等扩展分析功能对某牧场的一组土壤样本数据进行分析，确定土壤中钾元素的含量与土壤肥沃程度之间的关系，并对牧场中的土地按照肥沃程度进行分级。

2．数据准备

本节使用的数据包含 3 个图层，每个图层的名称和含义如表 8.6.1 所示，数据存放在 E:\Data\8.6 文件夹内的 86 地理数据库中。

表 8.6.1　soilsample 地理数据库中的数据说明

数　据　名	含　　　义
potassium	土壤中钾元素含量的样本点数据
soil	土壤类型
paddock	牧场边界数据

8.6.2　加载数据

1．添加数据

在 ArcMap 工具条上单击添加数据图标 ✚，将 potassium 点要素类、soil 面要素类和 paddock 面要素类添加到内容列表和地图窗口中，如图 8.6.1 所示。

2．改变 potassium 要素类的显示方式

Step1：在 ArcMap 的内容列表中右键单击 potassium 点要素类名，在弹出菜单中单击*属性*，打开**图层属性**对话框。

Step2：在**图层属性**对话框中单击**符号系统**属性页。

Step3：在**符号系统**属性页中将**显示**设置为"*数量→分级符号*"，将字段值设置为 K_PPM，如图 8.6.2 所示。

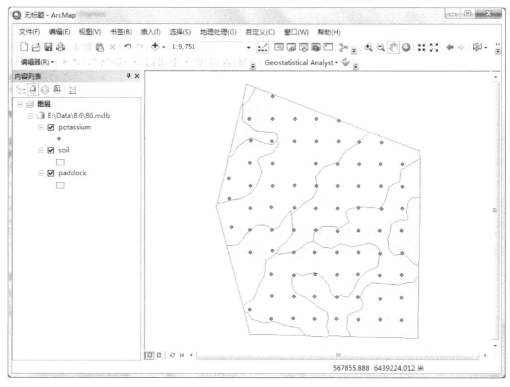

图 8.6.1　添加使用的数据

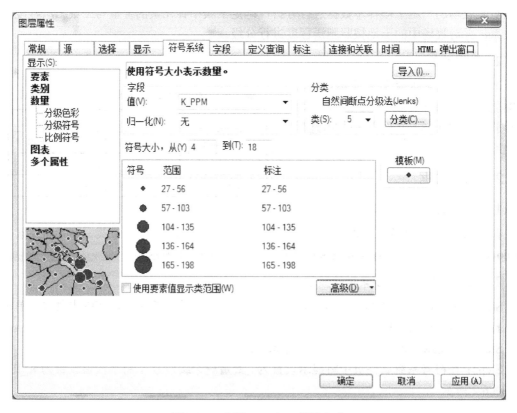

图 8.6.2　改变 potassium 显示方式

Tips: K_PPM 表示钾元素含量。

Step4：单击**确定**按钮，完成显示设置，结果如图 8.6.3 所示。圆的大小表示采样点的钾元素含量多少，钾元素含量越多，圆越大。

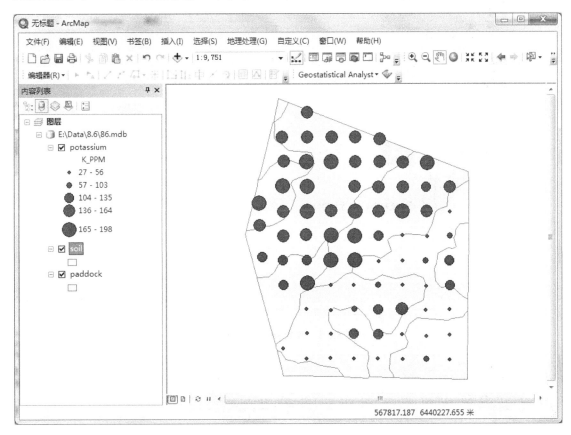

图 8.6.3　改变显示方式后的 potassium 要素类

通过按 K_PPM 字段值分级显示可以目视看出土壤中钾元素整体分布为西北部偏高，东南部偏低的规律。

3. 改变 soil 要素类的显示方式

Step1：在 ArcMap 的内容列表中右键单击 soil 面要素类名，在弹出菜单中单击*属性*，打开**图层属性**对话框。

Step2：在**图层属性**对话框中单击**符号系统**属性页。

Step3：在**符号系统**属性页中将**显示**设置为"*类别→唯一值*"，将**值字段**设置为 SoilType，单击**添加所有值**按钮，选择任意一条色带，如图 8.6.4 所示。

Step4：单击**确定**按钮，完成显示设置，结果如图 8.6.5 所示。不同颜色表示不同的土壤类型。

4. 激活并添加 Geostatistical Analyst 工具条

Step1：在 ArcMap 中依次单击主菜单上的"*自定义→扩展模块*"，打开**扩展模块**对话框。

Step2：在**扩展模块**对话框中勾选 Geostatistical Analyst，如图 8.6.6 所示。

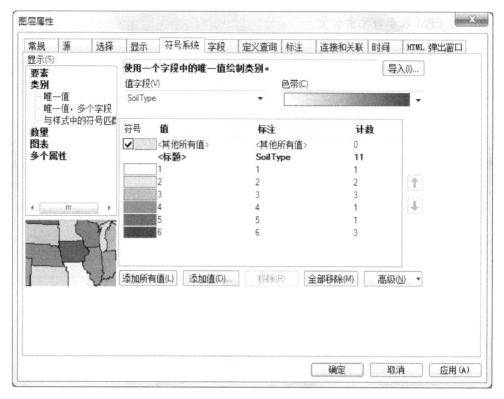

图 8.6.4　改变 soil 显示方式

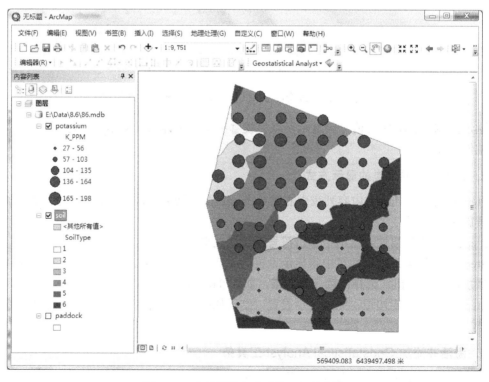

图 8.6.5　改变显示方式后的 soil 要素类

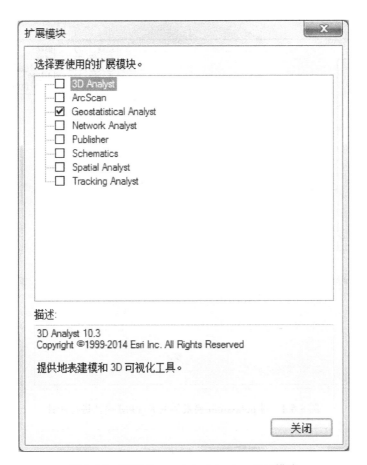

图 8.6.6　激活 Geostatistical Analyst 扩展模块

Step3：单击**关闭**按钮，完成 Geostatistical Analyst 扩展模块的激活。

Step4：在 ArcMap 主菜单空白处单击鼠标右键，在弹出菜单中选择 *Geostatistical Analyst*，将 Geostatistical Analyst 工具条添加到工具栏中，Geostatistical Analyst 工具条如图 8.6.7 所示。

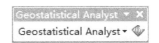

图 8.6.7　Geostatistical Analyst 工具条

8.6.3　分析土壤类型与钾元素含量的关系

1. 对 potassium 要素类的 K-PPM 属性值进行描述性统计

Step1：在 ArcMap 中单击 Geostatistical Analyst 工具条中 Geostatistical Analyst 按钮 Geostatistical Analyst▼，在弹出菜单中依次单击"*探索数据→直方图*"，打开**直方图**对话框。

Step2：在**直方图**对话框中将**图层**设置为 potassium，**属性**设置为 K-PPM，如图 8.6.8 所示。

思考：如何描述 K-PPM 的统计分布，是正态分布吗？

Step3：逐个单击柱状图中的每个柱，查看落入该数据区的点在地图上的分布，如图 8.6.9 所示。

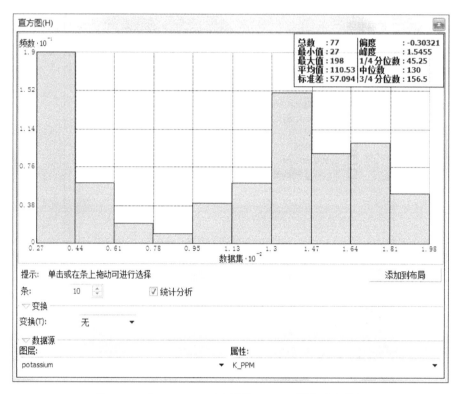

图 8.6.8 对 potassium 要素类的 K_PPM 属性进行统计

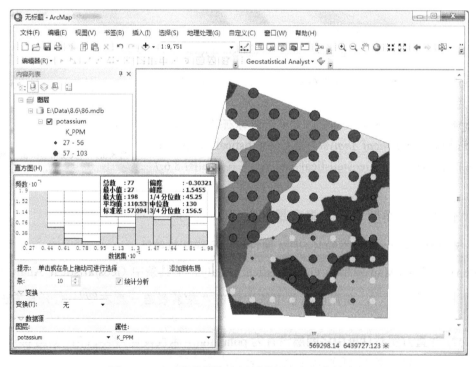

图 8.6.9 查看柱状图每个区域数据在空间上的分布

思考：通过查看柱状图统计区域分布，能否目视总结出钾元素含量和土壤类型之间的关系？

Step4：在 ArcMap 图层列表中右键单击 potassium 要素类名，在弹出菜单中依次单击"*选择→全选*"，将要素类中的所有要素都选中，如图 8.6.10 所示。

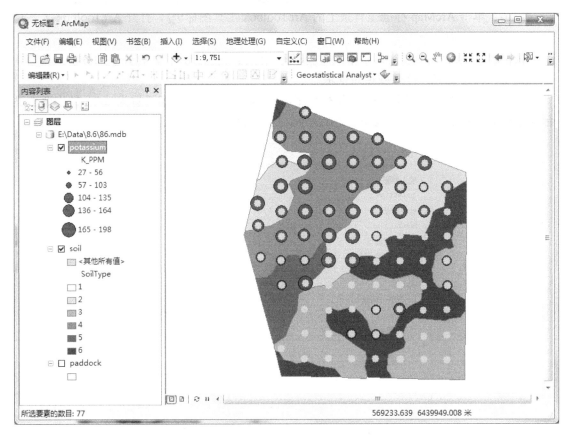

图 8.6.10　选中 potassium 要素类中的所有要素

Step5：在 ArcMap 主菜单中依次单击"*选择→统计数据*"，打开**所选要素的统计结果**对话框。

Step6：在**所选要素的统计结果**对话框中将**图层**设置为 potassium，**字段**设置为 K_PPM，系统会在右部的统计图窗口中绘制出 K_PPM 值频率统计图，如图 8.6.11 所示。

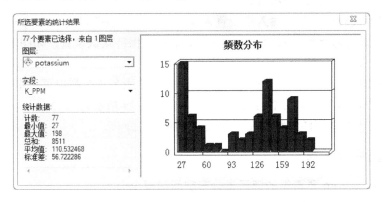

图 8.6.11　potassium 要素类中 K_PPM 分布频率统计图

思考：从频率统计图中可以总结出 K_PPM 值的分布特征吗？

2. 每类土壤中样本点数量确定

Step1：在 ArcMap 中依次单击主菜单中的"*选择→清除所选要素*"，清除所选要素。

Step2：单击 ArcMap 标准工具条上的 ArcToolbox 工具图标 ，打开 ArcToolbox 工具箱窗口。

Step3：在 ArcToolbox 窗口中依次单击"*分析工具→叠加分析*"，打开**叠加分析**工具箱。

Step4：双击*标识*，打开**标识**对话框。

Step5：在**标识**对话框中将**输入要素**设置为 potassium，**标识要素**设置为 soil，**输出要素类**命名为 soilpot 存储在本节的 Result 文件夹中，如图 8.6.12 所示。

图 8.6.12　用 soil 要素类对 potassium 要素类进行标识

Step6：单击**确定**按钮，完成 soil 要素类对 potassium 要素类的标识。

Step7：在 ArcToolbox 窗口中依次单击"*分析工具→统计分析*"，打开**统计分析**工具箱。

Step8：双击*频数*，打开**频数**对话框。

Step9：在**频数**对话框中将**输入表**设置为 soilpot，**输出表**命名为 soiltypest 存储在本节的 Result 文件夹中，**频数字段**设置为 SoilType，其他选项保持默认设置，如图 8.6.13 所示。

Step10：单击**确定**按钮，完成频数的统计。

Step11：右键单击 ArcMap 内容列表中的 soiltypest 表名，在弹出菜单中依次单击*打开*，打开 soiltypest 表，查看每类土壤的频数统计，如图 8.6.14 所示。

图中有每类土壤中采样点频数在不同类型土壤中的分布。

8.6.4　空间集中性计算

1. 计算 potassium 要素类的钾元素分布空间加权中心

Step1：在 ArcToolbox 窗口中依次单击"*空间统计工具→度量地理分布*"，打开**度量地理分布**工具箱。

图 8.6.13 对标识后要素类的 SoilType 字段进行频数统计

Rowid	FID	FREQUENCY	SOILTYPE
1	0	1	1
2	0	18	2
3	0	21	3
4	0	19	4
5	0	3	5
6	0	15	6

图 8.6.14 每类土壤的频数统计

Step2：双击*平均中心*，打开**平均中心**对话框。

Step3：在**平均中心**对话框中将**输入要素类**设置为 potassium，**输出要素类**命名为 meanpcenter 存储在本节的 Result 文件夹中，**权重字段**设置为 K_PPM，其他选项保持默认设置，如图 8.6.15 所示。

Step4：单击**确定**按钮，完成 K_PPM 字段的加权平均中心计算，结果如图 8.6.16 所示。圆形符号表示要素类 potassium 以 K_PPM 字段为权重的加权平均中心。

图 8.6.15　求 potassium 要素类中 K_PPM 字段加权平均中心设置

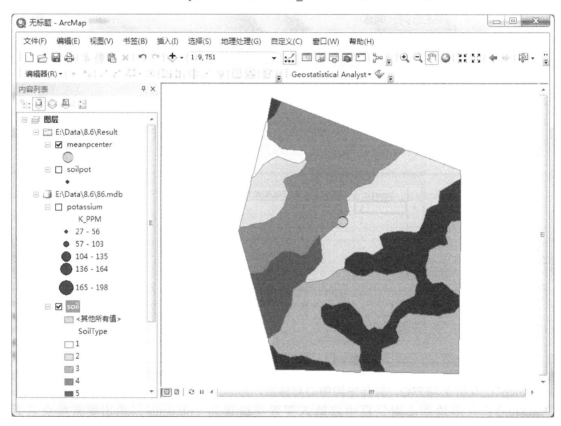

图 8.6.16　potassium 要素类中 K_PPM 字段加权平均中心

2．计算 paddock 要素类的平均空间中心

Step1：在 ArcToolbox 窗口中依次单击 "*空间统计工具→度量地理分布*"，打开**度量地理分布**工具箱。

Step2：双击*平均中心*，打开**平均中心**对话框。

Step3：在**平均中心**对话框中将**输入要素类**设置为 paddock，**输出要素类**命名为 paddockcenter 存储在本节的 Result 文件夹中，其他选项保持默认设置，如图 8.6.17 所示。

图 8.6.17　求 paddock 要素类几何平均中心设置

Step4：单击**确定**按钮，完成 paddock 要素类几何中心的计算，结果如图 8.6.18 所示。三角形符号表示 paddock 要素类的几何中心。

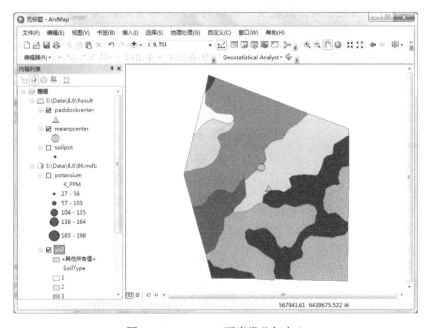

图 8.6.18　paddock 要素类几何中心

从图中可以看出，钾元素分布的加权中心在牧场几何中心的西北方向。

3. 生成钾元素标准差圆

Step1：在 ArcToolbox 窗口中依次单击"*空间统计工具→度量地理分布*"，打开**度量地理**

分布工具箱。

Step2：双击*标准距离*，打开**标准距离**对话框。

Step3：在**标准距离**对话框中将**输入要素类**设置为 potassium，**输出标准距离要素类**命名为 standarddis 存储在本节的 Result 文件夹中，**圆大小**设定为 1_STANDARD_DEVIATION，表示圆半径为一个标准差，**权重字段**设置为 K_PPM，如图 8.6.19 所示。

图 8.6.19　求 potassium 要素类中关于 K_PPM 的标准差圆

Step4：单击**确定**按钮，完成标准差圆的绘制，结果如图 8.6.20 所示。标准差圆可以表示数据在几何中心周围的集中或分散程度。在本例中，标准差圆的圆心位于几何中心的西北方向，这说明研究区与西北部数据较大。这个结果和加权中心一致。

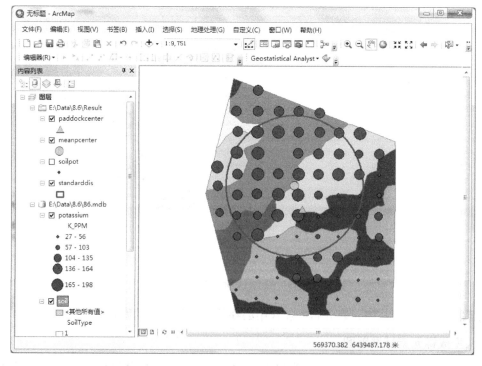

图 8.6.20　potassium 要素类中关于 K_PPM 的标准差圆

思考：查看落入标准差圆内的采样点比例。试一下 2 倍标准差，结果如何？

8.7 在成矿预测中的应用

地质找矿经过多年的勘探，已获得了大量的数据与信息，如何有效地利用这些数据使之为进一步开发挖掘矿床资源服务，是当今地质行业面临的一个重大难题。把 GIS 引入该行业，将是解决这一难题的重要途径。本节案例是在中国地质大学（武汉）池顺都教授承担项目的基础上完成的，他成功地将 GIS 应用于云南某地铜矿预测中。

8.7.1 问题提出

每个地质时期都有相应的铜矿成矿作用形成矿床，成矿又与岩溶侵入作用、地层层位和地质构造密切相关。经过对勘探数据的分析发现，我国铜矿资源大多分布在地台边缘、增生褶皱带边缘。在研究区内，与铜矿关系密切的地层为因民组（Pt1y）、落雪组（Pt1l）、鹅头厂组（Pt1e）和绿汁江组（Pt1lz）。以铜（Cu）为主的化探异常直接反映铜矿区（带）的分布。铜异常浓度在 100ppm 以上的，几乎都落在铜矿区（带）上，很少有例外。因此，可以利用 GIS 软件的叠加分析、缓冲区分析、属性统计等功能进行铜矿藏成矿预测。

8.7.2 研究区地质概况

研究区位于滇中，扬子准地台川滇台背斜。元古界昆阳群地层，经多次褶皱变形，宏观的原始层理已不明显。整个褶皱的构造层及其产生的线理又形成近东西向的背、向斜。区内断裂发育，有南北向断裂及东西向断裂，一般规模较大，控制元古界昆阳群沉积盆地并在以后多次活动。北东向断裂及其派生的次级断裂往往控制矿床产出。

研究区北起罗（茨）武（定），南至易门，为昆阳群铜矿床产出地段。与铜矿关系密切的地层为昆阳群的一部分；其中包括：因民组，红色碎屑岩，局部夹火山岩；落雪组，含硅质碳酸盐岩；鹅头厂组，泥质岩为主；绿汁江组，碳酸盐岩。

8.7.3 数据准备

1. 地质数据

主要是采用 1：20 万区调报告，其中有武定幅和昆明幅。矿产资料采集自相应的矿产图，包括矿床规模描述，但无矿产储量和矿石质量等方面的内容。本例共采集了 3 类地质数据。

（1）现有铜矿。该数据为点要素类，命名为 tong，表示现有不同规模铜矿的空间分布。赋有规模代码属性，规模代码与矿床规模相对应，即矿点代码为 1，小型矿床代码为 100，中型矿床代码为 1000。

（2）断层数据。该数据为线要素类，命名为 fault，表示现有断层空间分布。

（3）地层和岩石数据。该数据为面要素类，命名为 lar，表示地层和岩石的空间分布。属性字段中包含岩性、代号、形成时代。考虑本次实验预测的铜矿主要产于下元古界地层中，所以对下元古界的地层进行了细分，以组或与组相应的地层单位进行划分，其他地层则以系为单位进行划分。

2. 化探数据

主要为铜化探异常数据，数据采自相应的化探异常图。该数据为多边形类型，由 3 个面要素类组成，分别命名为 cud_90、cud_150 和 cud_240，表示铜异常大于 90ppm、150ppm、240ppm 的区域。

以上所有数据存放在 E:\Data\8.7 文件夹内的 87 地理数据库中。

8.7.4 成矿条件和找矿标志分析

这里不以成矿预测学中的分类方法加以叙述，而是根据 GIS 空间分析方法的特点对点线关系、线面关系、点面关系和面面关系加以分析。

1. 点线关系分析

用点线关系来分析矿产地与断裂带的关系，发现矿产与断裂带之间的关系。

Step1：在 ArcMap 标准工具条上单击添加数据图标 **+**，将 Tong 点要素类、Fault 线要素类添加到内容列表和地图窗口中，如图 8.7.1 所示。

从图 8.7.1 可以直观地看出矿点和断层分布的紧密关系，但此时还不能得出定量的表述，下面通过计算矿产和断层的距离定量分析其关系。

Step2：单击 ArcMap 标准工具条上的 ArcToolbox 工具图标 ，打开 ArcToolbox 工具箱。

Step3：在 ArcToolbox 窗口中依次单击"**分析工具→邻域分析**"，打开邻域分析工具箱。

Step4：双击*近邻分析*，打开*近邻分析*对话框。

Step5：在近邻分析对话框中将**输入要素**设置为 Tong，**邻近要素**设置为 Fault，**方法**设置为 PLANAR，其他选项保持默认设置，如图 8.7.2 所示。

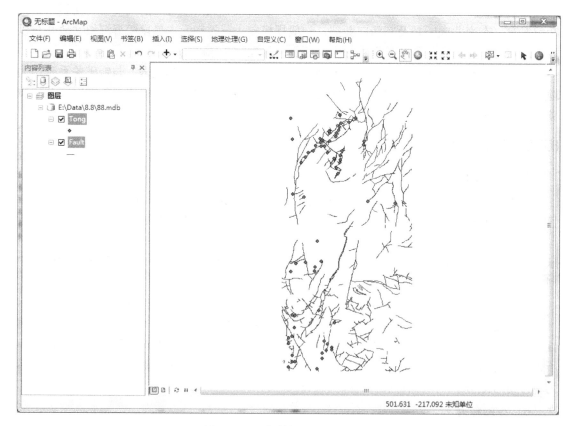

图 8.7.1 添加数据 Tong 和 Fault

Step6：单击**确定**按钮，完成近邻分析。

图 8.7.2　对 Tong 和 Fault 要素类进行近邻分析设置

Step7：在 ArcMap 内容列表中右键单击图层名 Tong，在弹出菜单中单击*打开属性表*，属性表内容如图 8.7.3 所示。近邻分析后，为要素类 Tong 的属性表中添加了两列数据：NEAR_FID和 NEAR_DIST，分别表示在 Fault 线要素类中最邻近该点要素的线的编号和 Tong 要素类中该要素到 Fault 线要素类中最近的线的距离。

Step8：在 Tong 要素类属性表中右键单击字段名 NEAR_DIST，在弹出菜单中单击*统计*，打开**统计数据 Tong** 对话框，如图 8.7.4 所示。

OBJECTID *	Shape *	ID	规模代码	NEAR_FID	NEAR_DIST
1	点	1	100	62	.583918
2	点	2	100	907	.410875
3	点	3	100	42	2.366565
4	点	4	100	186	.135172
5	点	5	100	862	3.016299
6	点	6	100	883	1.141291
7	点	7	100	195	1.284897
8	点	8	100	195	1.840765
9	点	9	100	196	2.016667
10	点	10	100	206	.446105
11	点	11	100	200	1.04817
12	点	12	100	85	1.047108
13	点	13	100	85	1.423239
14	点	14	100	86	2.357622

1 ▶ ▶I ▤ ▤　(0 / 65 已选择)

Tong

图 8.7.3　对 Tong 进行近邻分析后的属性表

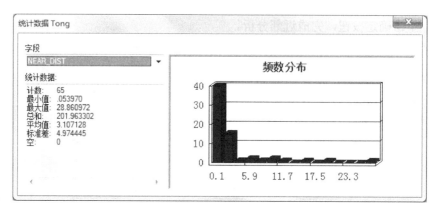

图 8.7.4　对近邻分析后的距离进行统计

从对 Tong 点要素类属性表的 NEAR_DIST 字段的统计可以看出，在距断层 4.2 假定单位的范围内，集中了 84.6% 的矿点，并在统计图中绘出了不同距离区间内出现矿产地的频数（或个数）。有了这种分析，为确定断裂影响带宽度提供了客观依据。

Tips：出于数据保密的原因，本例中数据给了虚拟的空间参考，目的是能够在进行近邻分析时计算距离。所以计算时的单位米也是假定单位。

思考：还有什么方法可以确定假定单位为 4.2 以内的点的数量？

通过以上对矿产和断裂带的分析得出滇中昆阳群铜矿成矿与断裂带关系十分密切，矿产大多分布在断裂带附近。

2．线面关系分析

用线面关系来分析矿产、断裂与地层的关系，发现矿产与地层及断裂带与地层之间的关系。

Step1：在 ArcMap 工具条上单击添加数据图标 ✚，将 Lar 面要素类添加到内容列表和地图窗口中。

根据勘探数据分析可知，与铜矿关系密切的地层为昆阳群的一部分，包括因民组（Pt1y）、落雪组（Pt1l）、鹅头厂组（Pt1e）和绿汁江组（Pt1lz）。

Step2：在 ArcMap 主菜单中依次单击"*选择→按属性选择*"，打开**按属性选择**对话框。

Step3：在**按属性选择**对话框中，将**图层**设置为 Lar，在选择条件对话框中输入（ [代号] = 'Pt1y') OR([代号] = 'Pt1l') OR([代号] = 'Pt1e') OR([代号] = 'Pt1lz')，如图 8.7.5 所示。

Step4：单击**确定**按钮，完成按属性选择，选择结果如图 8.7.6 所示。

图中高亮的区域为满足条件的区域。

图 8.7.5　对 Lar 要素类按属性选择设置

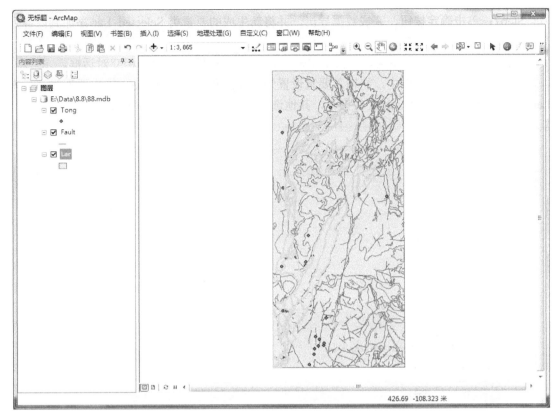

图 8.7.6　对 Lar 要素类按属性选择结果

Step5：在 ArcMap 内容列表中右键单击图层名 Lar，在弹出菜单中单击"*数据→导出数据*"，打开**导出数据**对话框。

Step6：在**导出数据**对话框中设定**导出所选要素**，将**输出要素类**命名为 Selected_Lar 存储在地理数据库 87 中，如图 8.7.7 所示。

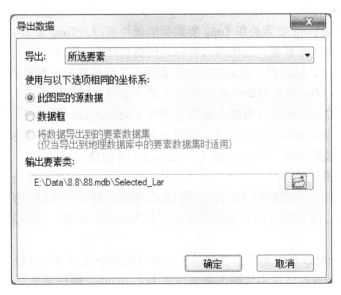

图 8.7.7　导出 Lar 要素类所选要素

Step7：单击**确定**按钮，完成数据导出，并将新生成的要素类 Selected_Lar 添加到内容列表中。

Step8：在 ArcMap 的主菜单中依次单击"*地理处理→相交*"，打开**相交**对话框。

Step9：在**相交**对话框中，将**输入要素**设置为 Tong 和 Selected_Lar，**输出要素类**命名为 LarTong 存储在本节的 Result 文件夹下，其他选项保持默认设置，如图 8.7.8 所示。

图 8.7.8　要素类 Tong 和 Selected_Lar 相交设置

Step10：单击**确定**按钮，完成要素类 Tong 和 Selected_Lar 的叠加相交。

Step11：查看 LarTong 要素类和 Tong 要素类的属性表。LarTong 要素类中共有 52 个要素，Tong 要素类中共有 65 个要素，说明落入目标地层的矿产地占总矿产地的 80%。

据此，可以得出，昆阳群下段地层中的断裂附近是寻找昆阳群铜矿的有利地段。

Step12：在 ArcMap 的主菜单中依次单击"*地理处理→相交*"，打开**相交**对话框。

Step13：在**相交**对话框中，将**输入要素**设置为 Selected_Lar 和 Fault，**输出要素类**命名为 LarFault 存储在本节的 Result 文件夹下，其他选项保持默认设置，如图 8.7.9 所示。

Step14：单击**确定**按钮，完成 Fault 和 Selected_Lar 的叠加相交。

思考：除了相交，还有什么方法可以确定落入 Selected_Lar 图层中的 Fault 要素？

在前面的分析中，在距断层 4.2 假定单位的范围内，集中了 84.6% 的矿点。为此，对该断裂区域 LarFault，用 5 假定单位宽度的缓冲区作为断裂影响带，这是寻找昆阳群铜矿的最可能的区域。

Step15：在 ArcMap 的主菜单中依次单击"*地理处理→缓冲区*"，打开**缓冲区**对话框。

Step16：在**缓冲区**对话框中将**输入要素**设置为 LarFault，**输出要素类**命名为 LarFaultBuff 存放在本节的 Result 文件夹下，**线性单位**设置为 5 米，**融合类型**设置为 ALL，其他选项保持默认设置，如图 8.7.10 所示。

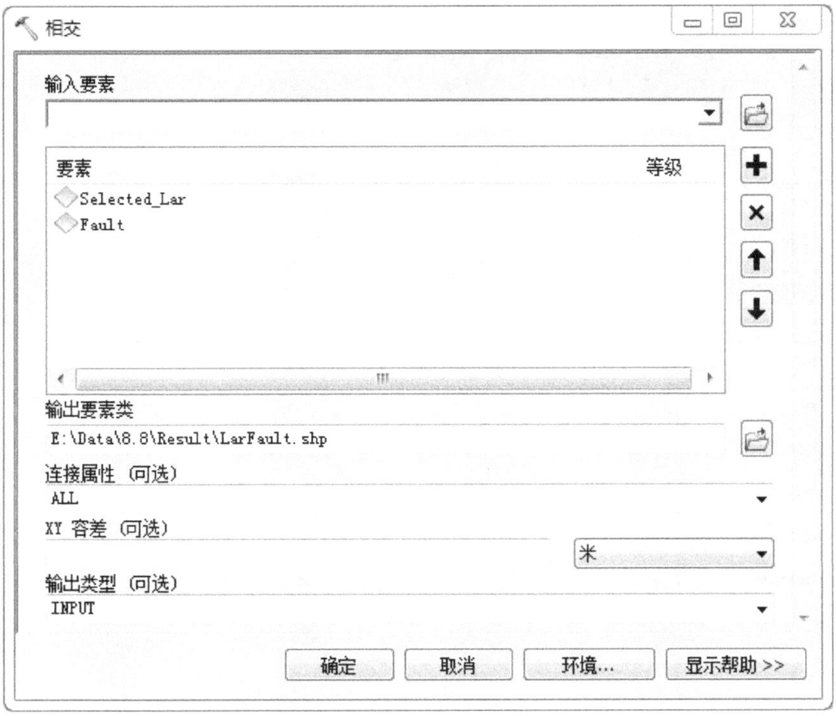

图 8.7.9 要素类 Fault 和 Selected_Lar 相交设置

图 8.7.10 求 LarFault 要素类缓冲区设置

Step17：单击**确定**按钮，生成 LarFault 要素类的缓冲区 LarFaultBuff，结果如图 8.7.11

所示。

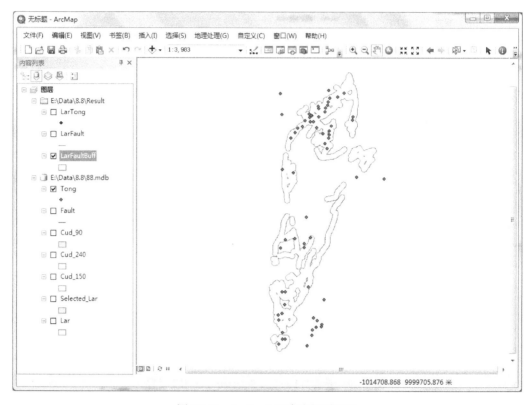

图 8.7.11　LarFault 要素类的缓冲区

通过 LarFaultBuff 和 Tong 矿点图层的叠加，可以直观地看出绝大部分矿点位于 LarFaultBuff 所在的区域。下面再通过物化探数据的分析来预测最有利于成矿的地区。

因为将融合类型设置为 ALL，得到的 LarFaultBuff 为一个多部件要素类，只有一条记录，无法进行后续的数据统计。因此要先将多部件的 LarFaultBuff 分散成单部件的。

Step18：在 ArcMap 工具条上依次单击 ArcToolbox 工具图标　，打开 ArcToolbox 工具箱。

Step19：在 ArcToolbox 窗口中依次单击"*数据管理→要素*"，打开**要素**工具箱。

Step20：双击*多部件至单部件*，打开**多部件至单部件**对话框。

Step21：在**多部件至单部件**对话框中将**输入要素**设置为 LarFaultBuff，**输出要素类**命名为 LarFaultBuffSin 存储在本节的 Result 文件夹下，如图 8.7.12 所示。

Step22：单击**确定**按钮，完成多部件到单部件的转换，此时 LarFaultBuffSin 中有 8 个要素。

Step23：为 LarFaultBuffSin 要素类添加一个名为 FaultArea 的字段用于存储每个要素的面积，类型为双精度，单位为平方米，并利用计算几何为该字段计算面积值。具体方法参考 2.5.3 节和 8.3.5 节。

思考：还有什么方法可以对 LarFault 要素类生成单部件的缓冲区？

3．点面关系分析

根据化探铜异常数据，分别以大于或等于 90ppm、大于或等于 150ppm 及大于或等于

240ppm 三种异常强度对铜异常区域和矿产的关系进行研究。

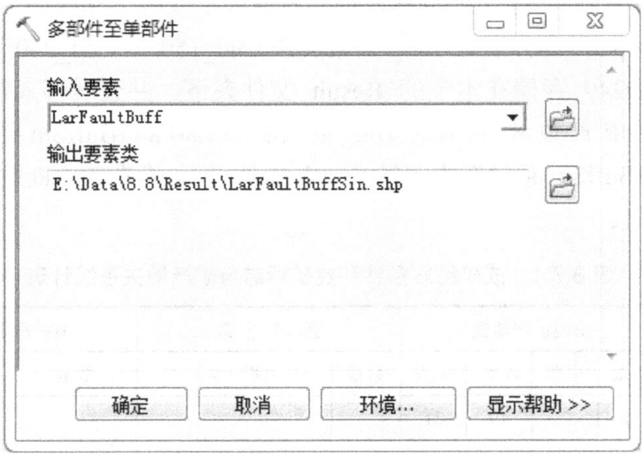

图 8.7.12　将 LarFaultBuff 生成单部件设置

首先统计落入不同铜异常区内的现有矿产数量。

Step1：在 ArcMap 工具条上单击添加数据图标 ，将 Cud_90、Cud_150 和 Cud_240 三个面要素类添加到内容列表和地图窗口中。

Step2：在 ArcMap 的主菜单中依次单击"*地理处理→相交*"，打开**相交**对话框。

Step3：在**相交**对话框中，将**输入要素**设置为 Tong 和 Cud_90，**输出要素类**命名为 Tong90 存储在本节的 Result 文件夹下，其他选项保持默认设置，如图 8.7.13 所示。

图 8.7.13　要素类 Tong 和 Cud_90 相交设置

Step4：单击**确定**按钮，完成 Tong 与 Cud_90 要素类的相交。

Step5：在 ArcMap 内容列表中右键单击 Tong90 要素类名，在弹出菜单中单击*打开属性表*，在属性表中可以看到有 43 个矿点落入铜异常值大于或等于 90ppm 的区域内。

重复 Step 2～Step 5，再分别对 Tong 要素类跟 Cud_150 和 Cud_240 进行相交操作，命名为 Tong150 和 Tong240 存储在本节的 Result 文件夹下，并查看落入铜异常值大于或等于 150ppm 和 240ppm 的矿产数量。接着对 Tong 要素类和 LarFaultBuffSin 要素类进行相交操作，命名为 TongLarFaultBuffSin 存储在本节的 Result 文件夹下，查看落入断裂影响带的矿产数量。统计数据填入表 8.7.1。

表 8.7.1　成矿地质条件和找矿标志与矿产地关系统计表

统 计 项 目	出现矿产地数				区 域 总 数		有矿产落入的区域		
	总数	中型	小型	矿点	数量	面积（S_0）	数量	面积（S_m）	S_m / S_0
昆阳群下段地层	52	2	19	31					
≥90ppm Cu 异常	43	2	17	24	31	16477.7918	11	10244.8543	0.622
≥150ppm Cu 异常	28	1	11	16	25	6516.1802	9	4782.8667	0.734
≥240ppm Cu 异常	15	1	6	8	11	2403.9291	7	2195.3667	0.913
断裂影响带	46	1	19	26	8	23963.1367	5	21724.8081	0.907

＊表中面积为假定单位。分式分子为与图中总数的比值，分母为相应的总数。

下面统计有铜矿落入的铜异常区域数量与面积。

Step6：在 ArcMap 工具栏中单击 ArcToolbox 图标 ，打开 ArcToolbox 工具箱。

Step7：在 ArcToolbox 中依次单击"*分析工具→叠加分析*"，打开**叠加分析**工具集。

Step8：双击*空间连接*，打开**空间连接**对话框。

Step9：在**空间连接**对话框中将**目标要素**设置为 Cud_90，**连接要素**设置为 Tong，**输出要素类**命名为 90Tong 存储在本节的 Result 文件夹下，**连接操作**设置为 JOIN_ONE_TO_MANY，其他选项保持默认设置，如图 8.7.14 所示。

图 8.7.14　要素类 Cud_90 和 Tong 空间连接设置

Step10：单击**确定**按钮，完成空间连接。

Step11：在 ArcMap 内容列表中右键单击 90Tong 图层名，在弹出菜单中单击*打开属性表*，打开 90Tong 要素类的属性表，如图 8.7.15 所示。

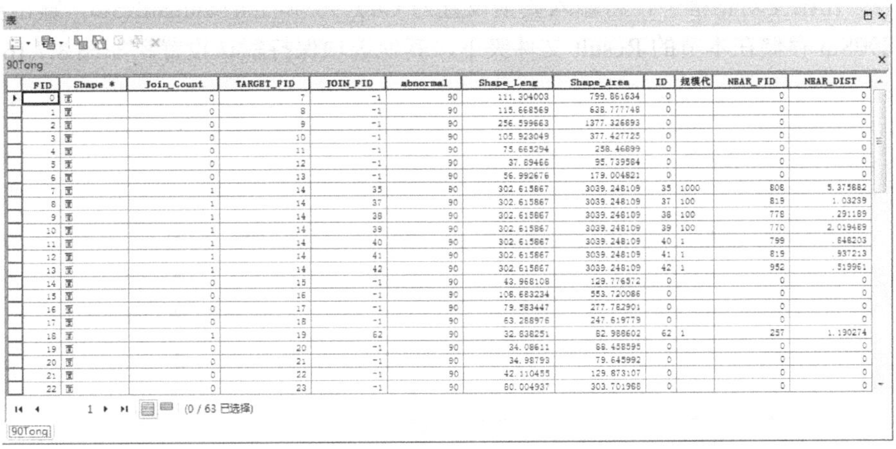

FID	Shape *	Join_Count	TARGET_FID	JOIN_FID	abnormal	Shape_Leng	Shape_Area	ID	规模代	NEAR_FID	NEAR_DIST
0	面	0	7	-1	90	111.304003	799.861634	0		0	0
1	面	0	8	-1	90	115.668569	638.777748	0		0	0
2	面	0	9	-1	90	256.599663	1377.326893	0		0	0
3	面	0	10	-1	90	105.923049	377.427725	0		0	0
4	面	0	11	-1	90	75.665294	258.46899	0		0	0
5	面	0	12	-1	90	37.89466	95.739584	0		0	0
6	面	0	13	-1	90	56.992676	179.004821	0		0	0
7	面	1	14	35	90	302.615867	3039.248109	35	1000	808	5.375882
8	面	1	14	37	90	302.615867	3039.248109	37	100	819	1.03239
9	面	1	14	38	90	302.615867	3039.248109	38	100	778	.291189
10	面	1	14	39	90	302.615867	3039.248109	39	100	770	2.019489
11	面	1	14	40	90	302.615867	3039.248109	40	1	799	.848203
12	面	1	14	41	90	302.615867	3039.248109	41	1	819	.937213
13	面	1	14	42	90	302.615867	3039.248109	42	1	952	.519961
14	面	0	15	-1	90	43.968108	129.776572	0		0	0
15	面	0	16	-1	90	108.683234	553.720086	0		0	0
16	面	0	17	-1	90	79.583447	277.782901	0		0	0
17	面	0	18	-1	90	63.288976	247.619779	0		0	0
18	面	1	19	62	90	32.838251	82.988602	62	1	257	1.190274
19	面	0	20	-1	90	34.08611	88.458595	0		0	0
20	面	0	21	-1	90	34.98793	79.645992	0		0	0
21	面	0	22	-1	90	42.110455	129.873107	0		0	0
22	面	0	23	-1	90	80.004937	303.701968	0		0	0

图 8.7.15　要素类 90Tong 的属性表

在属性表中除目标要素和连接要素中的原有字段外，新增加了 3 个字段。Join_Count 表示与各个目标要素相匹配的连接要素数量；TARGET_FID 表示目标要素的 ID；JOIN_FID 表示连接要素的 ID，若没有连接要素和目标要素连接，则值为-1。

Step12：对属性表中 Join_Count 值为 1 的要素进行统计，统计区域总数和总面积，以及有矿产落入的区域的数量和面积，值如表 8.7.1 所示。

重复 Step7～Step12 对 Cud_150 和 Tong 要素类做空间连接，输出要素类命名为 150Tong；对 Cud_240 和 Tong 要素类做空间连接，输出要素类命名为 240Tong。并分别对 150Tong 和 240Tong 要素类的区域总数、总面积和有矿产落入区域的数量和面积进行统计，填入表 8.7.1 中。接着对 LarFaultBuffSin 要素类和 Tong 要素类做空间连接，命名为 LarFaultBuffSinTong 存储在本节的 Result 文件夹下，统计有矿产落入的断裂影响带数量和面积，并填入表 8.7.1 中。

通过分析上述结果，可以得出如下结论。

（1）昆阳群下段地层中，包含了全部中、小型矿床，是寻找铜矿床的有利层位。

（2）断裂影响带是找铜矿的有利构造部位。S_m / S_0 为 0.907，说明在该带内发现矿床的概率很高。

（3）铜异常与铜矿床寻找关系密切。落在铜异常大于或等于 90ppm 范围内的矿产地达 43 个，占全部矿产地的 66.2%，其中全部中型矿床及 89.5%的小型矿床均落在铜异常大于或等于 90ppm 的范围内。S_m / S_0 为 0.622，共 31 个异常仅 11 个为有矿产落入的区域，说明发现矿床的概率不太高，不能单独用该标志找矿。落在铜异常大于或等于 240ppm 区域范围内的，仅有 15 个矿产地，其中有 1 个中型矿床和 6 个小型矿床。S_m / S_0 比值高达 0.913，即异常内有矿的概率很大，可以单独用作找矿标志。铜异常大于或等于 150ppm 区域范围内的异常与矿产地的关系介于两者之间。

8.7.5　铜矿预测

预测建立在相似类比基础上，即在分析成矿地质条件和找矿标志的基础上，得出控制矿床产出的主要地质条件和标志，然后根据这些条件和标志预测有利矿床产出的成矿区（带）。这里没有引用所有的条件和标志，预测有方法试验的性质。

Step1：在 ArcMap 的主菜单中依次单击"*地理处理→相交*"，打开**相交**对话框。

Step2：在**相交**对话框中，将**输入要素**设置为 Cud_90 和 LarFaultBuffSin，**输出要素类**命名为 Cud90Sin 存储在本节的 Result 文件夹下，其他选项保持默认设置，如图 8.7.16 所示。

图 8.7.16　要素类 Cud_90 和 LarFaultBuffSin 相交设置

Step3：单击**确定按钮**，完成要素类 Cud_90 和 LarFaultBuffSin 的相交，结果如图 8.7.17 所示。

图 8.7.17　要素类 Cud_90 和 LarFaultBuffSin 相交结果

根据前面的分析，铜异常值大于或等于 240ppm 的区域内有铜矿存在的概率很大，将 Cud_240 与 Cud90Sin 进行合并操作。

Step4：在 ArcMap 的主菜单中依次单击"*地理处理→合并*"，打开**合并**对话框。

Step5：在**合并**对话框中将**输入数据集**设置为 Cud_240 和 Cud90Sin，**输出数据集**命名为 Cud90Sin240 存储在本节的 Result 文件夹下，其他选项保持默认设置，如图 8.7.18 所示。

图 8.7.18　要素类 Cud_240 和 Cud90Sin 合并设置

Step6：单击**确定**按钮，完成要素类 Cud_240 和 Cud90Sin 的合并，结果如图 8.7.19 所示。

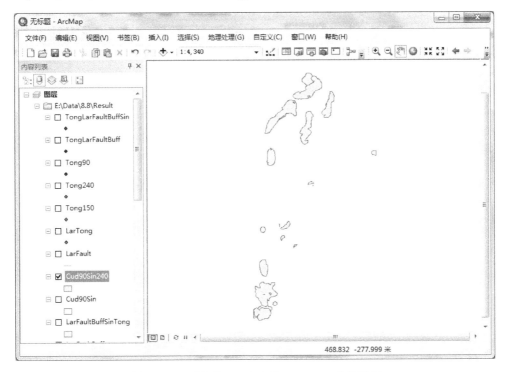

图 8.7.19　要素类 Cud_240 和 Cud90Sin 合并结果

图 8.7.20 选择面积大于 100 的区域设置

剔除结果中面积较小的区域。但 Cud90Sin240 目前还没有表示要素面积的字段，因此要先添加一个面积字段。

Step7：为 Cud90Sin240 添加一个名为 LastArea 的双精度字段，用于计算该要素类中每个要素的面积。添加字段和计算几何的具体操作方法参考 2.5.3 节和 8.3.5 节。

Step8：依次单击 ArcMap 主菜单中的"*选择→按属性选择*"，打开**按属性选择**对话框。

Step9：在**按属性选择**对话框中将**图层**设置为 Cud90Sin240，选择条件设置为"LastArea" >100，如图 8.7.20 所示。

Step10：单击**确定**按钮，完成按属性选择，结果如图 8.7.21 所示。

图 8.7.21 所示的按属性选择结果即为最终的预测区域，将其单独输出。

Step11：在 ArcMap 内容列表中右键单击 Cud90Sin240 图层名，在弹出菜单中依次单击"*数据→导出数据*"，打开**导出数据**对话框。

Step12：在**导出数据**对话框中将**导出**设置为所选要素，**输出要素类**命名为 FinalArea 存储在地理数据库 88 中，如图 8.7.22 所示。

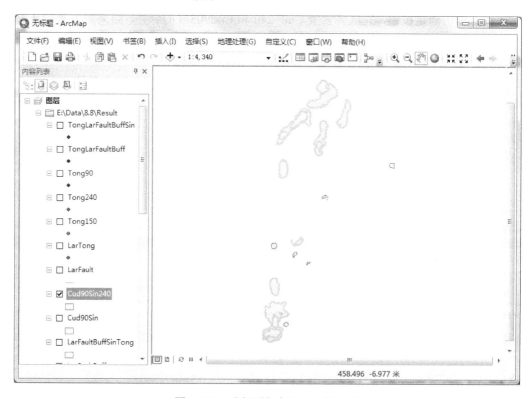

图 8.7.21 选择面积大于 100 的区域

图 8.7.22　导出面积大于 100 的区域设置

Step13：单击**确定**按钮，完成数据的导出，如图 8.7.23 所示。该图即为最有可能探测出铜矿的区域。

图 8.7.23　铜矿预测区

思考：尝试加入断裂影响带因素的成矿区域预测，如断裂影响带 + ≥90ppm 的铜异常，断裂影响带 + ≥240ppm 的铜异常。

第 9 章　空间统计分析

图 9.1　Spatial Statistics（空间统计）工具箱

　　ArcGIS 统计分析工具集不仅包含对属性数据执行标准统计分析（如平均值、最小值、最大值和标准差）的工具，也包含对重叠和相邻要素计算面积、长度和计数统计的工具。这些工具分布在 Spatial Statistics（空间统计）工具箱、Geostatistical Analyst（地统计分析）工具箱、Spatial Analyst（空间分析）工具箱中。本章重点介绍 Spatial Statistics（空间统计）工具箱（见图 9.1）中度量地理分布和聚类分布制图这两种常见的空间统计建模工具的使用方法。

9.1　度量地理分布

9.1.1　问题提出

　　如何表现研究区域中各类地物要素的空间分布特征，如哪栋建筑位于研究区域中的中心地带？研究区域中的地理中心在哪里？建筑分布走向是什么样的？建筑物分散程度如何？道路网走向是什么样的？

9.1.2　数据准备

　　本节使用的数据包含点要素、线要素，存放在 E:\Data\9.1 文件夹下的 91 地理数据库中。启动 ArcMap 后，将数据库中的点状要素添加到地图中，如图 9.1.1 所示。

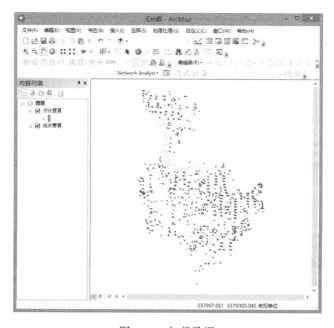

图 9.1.1　加载数据

9.1.3 中心要素

中心要素工具主要识别点、线或面要素类中位于最中央的要素。

Step1：选择**中心要素**工具。

单击图标![图标]，打开工具箱面板，在空间统计工具箱中依次单击"*度量地理分布→中心要素*"。

Step2：设置相关参数。

如图9.1.2所示，将**输入要素类**设置为点状要素，**输出要素类**命名为中心要素进行存储，**距离法**选择 EUCLIDEAN_DISTANCE（欧几里得距离），其他选项保持默认设置，最后单击**确定**按钮，计算中心要素。黑色五角星标识的点状要素为该区域所有点状要素的中心要素，如图9.1.3所示。

图 9.1.2　设置中心要素参数

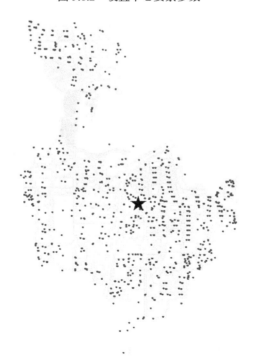

图 9.1.3　黑色五角星标识的点状要素为该区域所有点状要素的中心要素

思考：距离法里面的两个参数"欧几里得距离"和"曼哈顿距离"，它们有何区别？

Tips：所有工具窗口均可以通过单击"**显示帮助**"按钮查看各参数含义。如果某些要素的重要性大于其他要素，则可使用权重字段来体现这些要素的差别；如果要素需要进行分组计算，则可指定案例分组字段；自然电位是要素与其自身之间的距离或权重。通常情况下，此权重为零，但在某些情况下，可能要为每个要素指定其他固定值或某个不同的值（如可能基于面大小）。以下操作中涉及以上参数设置，其意义均类似。

9.1.4 平均中心

平均中心工具主要识别一组要素的地理中心（或密度中心）。

Step1：选择**平均中心**工具。

单击图标 ，打开工具箱面板，在空间统计工具箱中依次单击"*度量地理分布→平均中心*"。

Step2：设置相关参数。

如图 9.1.4 所示，将**输入要素类**设置为点状要素，**输出要素类**命名为平均中心进行存储，其他选项保持默认设置，最后单击**确定**按钮，计算平均中心。计算的平均中心为黑色十字，如图 9.1.5 所示。与中心要素对比不难发现，研究区域的平均中心与中心要素并不重合。

Tips：**尺寸字段**是输入要素类中的任意数字字段。**平均中心**工具将计算该字段中所有值的平均值，并将结果包括在输出要素类中。

图 9.1.4　设置平均中心参数　　　　图 9.1.5　黑色十字标识处为该区域点状要素分布的平均中心

9.1.5 标准距离

标准距离工具主要测量要素在几何平均中心周围的集中或分散的程度，可为每个案例创建包含以平均值为中心的圆面的新要素类。绘制每个圆面时使用的半径均等于标准距离。每个圆面的属性值即为其标准距离值。

Step1：选择**标准距离**工具。

单击图标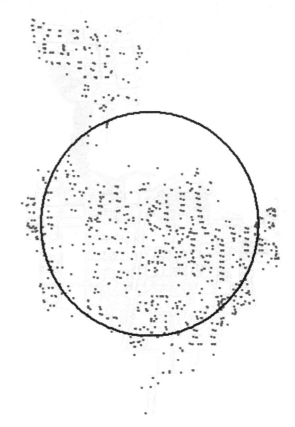，打开工具箱面板，在空间统计工具箱中依次单击"*度量地理分布→标准距离*"。

Tips：如果输入要素的基础空间模式集中于中心且朝向外围的要素较少（一种空间正态分布），则一个标准差圆面约包含聚类中 68%的要素；两个标准差圆面约包含聚类中 95%的要素；三个标准差圆面约包含聚类中 99%的要素。**圆大小**参数确定标准差中输出圆的大小。如果已指定案例分组字段，则每个案例分别对应一个中心和一个圆。绘制每个圆面时使用的半径均等于标准距离值。

Step2：设置相关参数。

如图 9.1.6 所示，将**输入要素类**设置为点状要素，**输出标准距离要素类**命名为标准距离存储起来，**圆大小**选择 1_STANDARD_DEVIATION，其他选项保持默认设置，最后单击**确定**按钮，计算标准距离。计算的标准距离圆如图 9.1.7 所示。

图 9.1.6　设置标准距离参数　　　　图 9.1.7　黑色圆为创建的包含以平均中心点为中心的圆面

打开标准距离图层对应的属性表，如图 9.1.8 所示，圆的属性值 CenterX、CenterY、StdDist 分别指圆平均中心 x 坐标、平均中心 y 坐标和标准距离（圆半径）。

FID	Shape *	Id	CenterX	CenterY	StdDist
0	ZM	0	538005.759779	3378310.34701	531.434888

图 9.1.8　标准距离圆属性

利用该工具，可以对研究区域内点状地物的分布情况进行度量和比较。可以针对某个区域内各消防站在几个月内接到的紧急电话的分布情况进行度量和比较，以了解哪些消防站响应的区域较广；也可以对白天盗窃行为和夜间盗窃行为进行比较，以了解白天与夜间相比，盗窃行为是更加分散还是更加集中；还可以对抢劫行为和汽车偷窃行为的紧密度进行比较，了解不同犯罪类型的分布情况可能有助于警察制定出应对犯罪行为的策略。

9.1.6　中位数中心

中位数中心工具主要识别使数据集中要素之间的总欧氏距离达到最小的位置点。

Step1：选择**中位数中心**工具。

单击图标，打开工具箱面板，在空间统计工具箱中依次单击"*度量地理分布→中位数中心*"。

Step2：设置相关参数。

如图 9.1.9 所示，将**输入要素类**设置为点状要素，**输出要素类**命名为中位数中心进行存储，其他选项保持默认设置，最后单击**确定**按钮，输出的中位数中心为黑色米字标识，如图 9.1.10 所示，与平均中心对比不难发现，研究区域的中位数中心与平均中心并不重合。

Tips：**属性字段参数中指定的所有字段将参与计算数据中位数。**

图 9.1.9　设置中位数中心参数

图 9.1.10　黑色米字标识处为该区域点状要素分布的中位数中心

9.1.7 方向分布

方向分布工具将创建标准差椭圆以概括地理要素的空间特征：中心趋势、离散和方向趋势。

Step1：选择**方向分布**工具。

单击图标 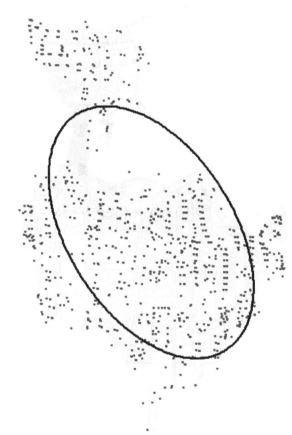，打开工具箱面板，在空间统计工具箱中依次单击"*度量地理分布→方向分布*"。

Step2：设置相关参数。

如图 9.1.11 所示，将**输入要素类**设置为点状要素，**输出椭圆要素类**命名为方向分布进行存储，**椭圆大小**选择 1_STANDARD_DEVIATION，其他选项保持默认设置，最后单击**确定**按钮，计算标准差椭圆。输出的标准差椭圆如图 9.1.12 所示。

图 9.1.11　设置方向分布参数　　　　图 9.1.12　标准差椭圆

Tips：**椭圆大小**参数决定了标准差椭圆面包含的聚类要素多少，如果要素的基础空间模式是中心处集中而朝向外围的要素较少（一种空间正态分布），则一个标准差椭圆面会包含聚类中约 68% 的要素，两个标准差椭圆面会包含聚类中约 95% 的要素，三个标准差椭圆面则可包含聚类中约 99% 的要素。

打开方向分布要素类对应的属性表，如图 9.1.13 所示，字段名 CenterX、CenterY、XStdDist、YStdDist 和 Rotation 分别代表该标准差椭圆平均中心的 *X* 和 *Y* 坐标、两个标准距离（长轴和短轴）及椭圆的方向（从正北方向开始按顺时针进行测量的长轴的旋转角度）。

	FID	Shape *	Id	CenterX	CenterY	XStdDist	YStdDist	Rotation
▶	0	面 ZM	0	538005.759779	3378310.34701	643.609084	388.089459	145.858938

图 9.1.13　标准差椭圆属性

椭圆的长半轴表示的是数据分布的方向，短半轴表示的是数据分布的范围，短半轴越短，表示数据呈现的向心力越明显；反之，短半轴越长，表示数据的离散程度越大。长、短半轴的值差距越大（扁率越大），表示数据的方向性越明显。反之，如果长、短半轴越接近，表示方向性越不明显。

9.1.8　线性方向平均值

线性方向平均值工具将识别一组线的平均方向、长度和地理中心。

Step1：数据准备。

启动 ArcMap 后，将 E\Data\9.1 文件夹下的 91 地理数据库中的**主要道路**数据添加到地图中。

Step2：选择**线性方向平均值**工具。

单击图标 ，打开工具箱面板，在空间统计工具箱中依次单击“*度量地理分布→线性方向平均值*”。

Tips：**输入要素类**必须为线要素类。尽管大多数线在起点和终点之间具有多个折点，此工具将只使用起点和终点来确定方向。

Step3：设置相关参数。

如图 9.1.14 所示，将**输入要素类**设置为主要道路，**输出要素类**命名为线性方向平均值进行存储，其他选项保持默认设置，最后单击**确定**按钮，计算线性方向平均值。输出的研究区域主要道路的平均方向线要素如图 9.1.15 所示。

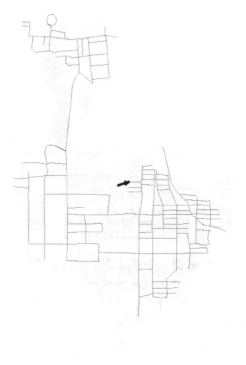

图 9.1.14　线性方向平均值　　　　　　图 9.1.15　平均方向线要素

在**线性方向平均值**对话框中，**仅方向**指定是否在分析中包括方向（起始节点和终止节点）信息。许多线状要素指向某一方向（它们都具有一个起点和一个终点）。这类线通常可表示移动对象（如飓风）的路径。而其他线状要素（如断层线）则没有起点和终点。这些要素则被认为具有方位而不具有方向。例如，断层线可能具有西北-东南方位。线性方向平均值工具**仅方向**参数设置可用于计算一组线的平均方向或平均方位。

该过程创建了一个包含一条以所有输入矢量的质心的平均中心点为其中心的线要素的新要素类，线要素的长度等于所有输入矢量的平均长度，而且其方位或方向为所有输入矢量的平均方位或平均方向。

打开线性方向平均值要素类对应的属性表，如图 9.1.16 所示，输出线要素的属性值包括罗盘角的 CompassA（以正北为基准方向按顺时针旋转）、方向平均值的 DirMean（以正东为基准方向按逆时针方向旋转）、圆方差的 CirVar（用于指示线方向偏离方向平均值的程度）、平均中心 X 和 Y 坐标的 AveX 和 AveY，以及平均长度的 AveLen。如果指定了案例分组字段，它还将被添加至输出要素类。与标准差测量类似，圆方差值指示方向平均值矢量表示输入矢量集的好坏程度。圆方差范围为 0～1。如果所有输入矢量具有完全相同（或非常相似）的方向，则圆方差将很小（接近于 0）。当输入矢量方向跨越整个罗盘时，圆方差将很大（接近于 1）。

	FID	Shape *	Id	CompassA	DirMean	CirVar	AveX	AveY	AveLen
▶	0	折线 ZM	0	73.506072	16.493928	.576740	538022.889341	3378361.60306	74.316971

图 9.1.16　平均矢量属性

值得注意的是，在 GIS 中，每条线均被指定了起点和终点，并具有方向。方向的设置是在数字化或导入坐标列表过程中创建线要素时完成的。读者可以利用箭头符号显示线来查看每条线的方向。如果要计算平均方向，请确保所有线的方向都是正确的。如果要计算平均方位，则会忽略线的方向。一般情况下，我们对从起点移动到终点的要素（如暴风雨）计算平均方向，而对静态要素（如断层线）计算平均方位。在某些情况下，将会对表示移动行为的线计算它的平均方位，如对麋鹿在何处开始和结束其季节性迁徙感兴趣的野生生物学家，他可能会计算每个季节期间麋鹿所行经的路径的平均方向。但是，如果该生物学家对迁徙路径本身的特征感兴趣并想要确定哪条路径比较合适，而不是麋鹿在何处开始和结束迁徙，那么他将会计算平均方位。该生物学家可以使用麋鹿行经路径的两个方向（来和去）来计算平均方位，以获得有关麋鹿迁移的更多信息。

9.2　聚类分布制图

9.2.1　问题提出

在空间分析中，有时要研究区域声聚类（热点/冷点）的出现位置在哪里？空间异常值的出现位置在哪里？哪些噪声监测点要素十分相似？

9.2.2　数据准备

本节使用的数据包含点要素类和线要素类，存放在 E:\Data\9.2 文件夹下的名为 92 的地理数据库中。启动 ArcMap 后，将 92 地理数据库中的线状要素、主要道路和噪声监控点依次添加到地图中，如图 9.2.1 所示。

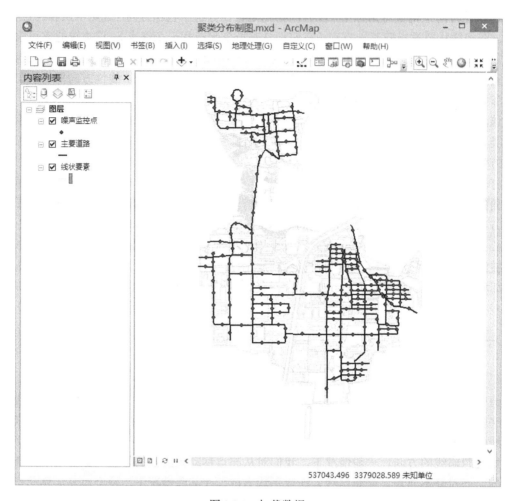

图 9.2.1　加载数据

9.2.3　聚类和异常值分析

给定一组要素（输入要素类）和一个分析字段（输入字段），聚类和异常值分析工具可识别具有高值或低值的要素的空间聚类，还可识别空间异常值。

Step1：选择**聚类和异常值分析**工具。

单击图标 🔳，打开工具箱面板，在空间统计工具箱中依次单击"*聚类分布制图→聚类和异常值分析（Anselin Local Moran I）*"。

Step2：设置相关参数。

如图 9.2.2 所示，将**输入要素类**设置为噪声监控点，**输入字段**设定为噪声监控点要素类的 dB 属性字段，表示分贝数，**输出要素类**命名为聚类和异常值分析进行存储，其他选项保持默认设置，最后单击**确定**按钮进行分析。

分析结果如图 9.2.3 所示。打开聚类和异常值分析要素类其对应的属性表可以看到，该要素类包含 LMiIndex、LMiZScore、LMiPValue、COType 属性字段项，分别表示 Local Moran's I 指数、z 得分、p 值和聚类/异常值类型。

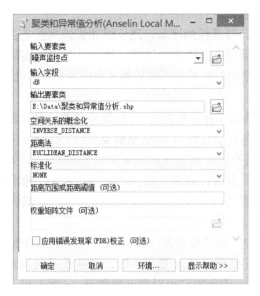

图 9.2.2　聚类和异常值分析参数

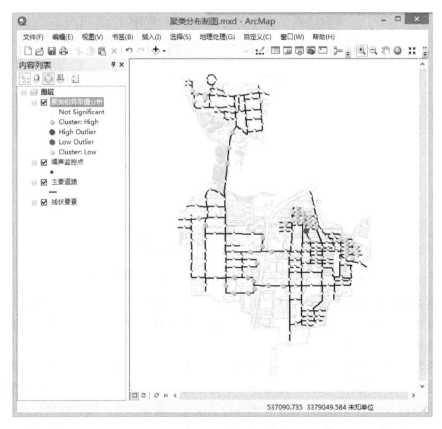

图 9.2.3　聚类和异常值分析结果

其中，空间关联的 Local Moran's I 指数为正，表示要素具有包含同样高或同样低的属性值的邻近要素（正相关），该要素是聚类的一部分，值越大，空间相关性越明显；Local Moran's I 指数为负，表示要素具有包含不同值的邻近要素（负相关），该要素是异常值，Local Moran's I

指数值越小，空间差异性越大。

　　z 得分和 p 值都是统计显著性的度量，用于逐要素地判断是否拒绝零假设，零假设可以理解为空间要素在一定区域里面呈现完全随机（均匀）分布。实际上，它们可指明是表面相似性（高值或低值的空间聚类）还是表面相异性（空间异常值），比我们在随机分布中预期的更加明显。

　　z 得分就是标准差的倍数（有正负之分）。如果要素的 z 得分是一个较高的正值，则表示周围的要素拥有相似值（高值或低值）。输出要素类中的 COType 字段会将具有统计显著性的高值聚类表示为 HH，将具有统计显著性的低值聚类表示为 LL。如果要素的 z 得分是一个较低的负值，则表示有一个具有统计显著性的空间数据异常值。输出要素类中的 COType 字段将指明要素是否是高值要素而四周围绕的是低值要素（HL），或者要素是否是低值要素而四周围绕的是高值要素（LH）。

　　p 值表示所观测到的空间模式是由某一随机过程创建而成的概率。如 p 值为 0.1 表示只有 10% 的可能性是随机生成的结果。当 p 值很小时，意味着所观测到的空间模式不太可能产生于随机过程（小概率事件），因此我们可以拒绝零假设。z 得分和 p 值都与标准正态分布相关联，如图 9.2.4 所示。

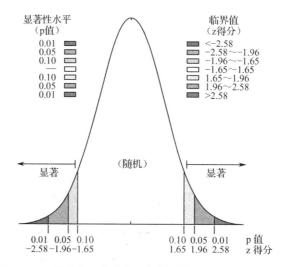

图 9.2.4　z 得分和 p 值分布（插图源自 ArcGIS 帮助文档）

　　在正态分布的两端出现非常高或非常低（负值）的 z 得分，这些得分与非常小的 p 值关联。当 p 值很小且 z 得分非常高或非常低时，就表明观测到的空间模式不太可能反映零假设所表示的理论上的随机模式。

　　要拒绝零假设，分析人员必须对所愿承担的可能做出错误选择（即错误地拒绝零假设）的风险程度进行主观判断。因此，先选择一个置信度，然后再执行空间统计。典型的置信度为 90%、95% 或 99%。在这种情况下，99% 的置信度是最保守的，这表示分析人员不愿意拒绝零假设，除非该模式是由随机过程创建的概率确实非常小（低于 1% 的概率）。表 9.2.1 显示了不同置信度下未经校正的临界 p 值和临界 z 得分。

　　Tips: 可以勾选图 9.2.2 中应用错误发现率（FDR）校正复选项，使用校正后的临界 p 值，这些临界值小于或等于表 9.2.1 所示的值。

表 9.2.1　不同置信度下的临界 p 值和临界值

z 得分（标准差）	p 值（概率）	置　信　度
<-1.65 或>+1.65	< 0.10	90%
<-1.96 或>+1.96	<0.05	95%
<-2.58 或>+2.58	<0.01	99%

聚类/异常值类型（COType）字段将始终指明置信度为 95%的统计显著性聚类和异常值，只有统计显著性要素在 COType 字段中具有值。如果选中可选参数应用错误发现率（FDR）校正，统计显著性会以校正的 95%置信度为基础。该字段可区分具有统计显著性的高值（HH）聚类、低值（LL）聚类、高值主要由低值围绕的异常值（HL）以及低值主要由高值围绕的异常值（LH）。输出要素类的默认渲染以 COType 字段中的值为基础，如图 9.2.3 所示，从图中能够看出研究区域内哪些区域噪声较大，哪些区域噪声异常。

9.2.4　热点分析

热点分析工具用于识别具有统计显著性的高值（热点）和低值（冷点）的空间聚类。

Step1：选择**热点分析**工具。

单击图标 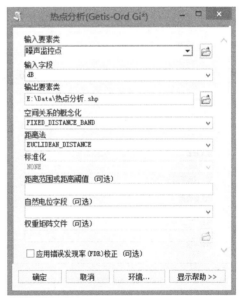，打开工具箱面板，在空间统计工具箱中依次单击"*聚类分布制图→热点分析（Getis-Ord Gi*）*"。

Step2：设置相关参数。

如图 9.2.5 所示，将**输入要素类**设置为噪声监控点，**输入字段**设定为噪声监控点要素类的 dB 属性字段，表示分贝数，**输出要素类**命名为热点分析进行存储，其他选项保持默认设置，最后单击**确定**按钮进行分析。

输出的热点分析要素类如图 9.2.6 所示。打开该要素类对应的属性表可以看到，该要素类包含 GiZScore、GiPValue、Gi_Bin 属性字段项，分别表示 z 得分、p 值和置信区间（相关概念参阅 9.2.3 节）。

其中，置信区间+3～-3 中的要素反映置信度为 99%的统计显著性，置信区间+2～-2 中的要素反映置信度为 95%的统计显著性，置信区间+1～

图 9.2.5　设置热点分析（Getis-Ord Gi*）参数

-1 中的要素反映置信度为 90%的统计显著性；而置信区间 0 中要素的聚类则没有统计学意义。

如果要素的 z 得分高且 p 值小，则表示有一个高值的空间聚类。如果 z 得分低并为负数且 p 值小，则表示有一个低值的空间聚类。z 得分越高（或越低），聚类程度就越大。如果 z 得分接近于零，则表示不存在明显的空间聚类。

通过图 9.2.6 左侧内容列表中的图例不难看出，不同置信区间噪声较大或较小的分布点。

思考：尝试操作**优化的热点分析**工具，与**热点分析**工具进行对比分析。

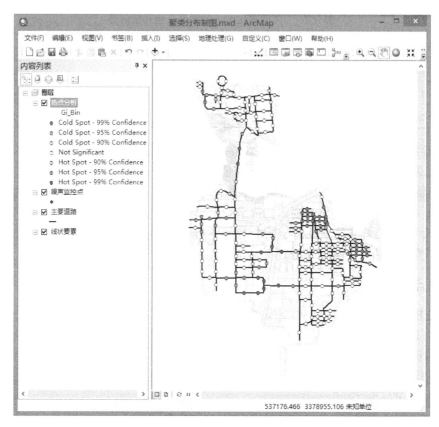

图 9.2.6　输出的热点分析要素类

9.2.5　分组分析

分组分析工具根据要素属性和可选的空间/时态约束对要素进行分组。它会执行一个分类过程来查找数据中存在的自然聚类。给定要创建的组数，它将寻找一个能够使每个组中的所有要素都尽可能相似但各个组之间尽可能不同的解。

Step1：选择**分组分析**工具。

单击图标 ，打开工具箱面板，在空间统计工具箱中依次单击"*聚类分布制图→分组分析*"。

Step2：设置相关参数。

如图 9.2.7 所示，将**输入要素类**设置为噪声监控点，将噪声监控点的属性字段"Id"作为**唯一 ID 字段**，将**输出要素类**命名为分组分析进行存储，**组数**设置为 3，**分析字段**选择噪声监控点的属性字段 dB，**空间约束**选择 DELAUNAY_TRIANGULATION，其他选项保持默认设置，最后单击**确定**按钮进行分组分析。

图 9.2.7　设置分组分析参数

有关空间约束参数的设置，在某些应用中，若不想对所创建的组实施邻接或其他邻域分析要求，可将空间约束参数设为 NO_SPATIAL_CONSTRAINT。对于某些分析，若想让各个组在空间上相邻，可以启用面邻接类的 CONTIGUITY 选项来指示仅当要素与组中的另一个成员共享某条边（CONTIGUITY_ EDGES_ONLY）或某个折点（CONTIGUITY_EDGES_CORNERS）时，才表示这些要素属于同一个组。若想确保所有组成员都互相邻近，可以将 DELAUNAY_ TRIANGULATION 和 K_NEAREST_NEIGHBORS 选项用于点或面要素。这些选项用于指示仅当某个要素至少有一个其他要素是自然邻域（Delaunay Triangulation）或 K 最近邻时，该要素才能包括在组中。K 是要考虑的相邻要素数，可以使用相邻要素的数目参数指定。

分组分析结果如图 9.2.8 所示，可以看到，基于 Delaunay 三角测量方法构造邻域的噪声监测点分组结果，该方法通过点要素或要素质心创建 Voronoi 三角网，使得每个点/质心都是三角形节点，由三角形的边连接的节点被视为相邻节点。使用 Delaunay 三角测量可确保每个要素至少具有一个邻域（具有重合要素时，不要使用 Delaunay 三角测量选项）。

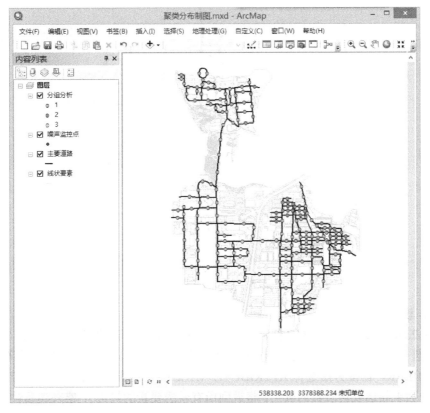

图 9.2.8　分组分析结果

9.2.6　相似搜索

相似搜索工具用于识别哪些候选要素与要匹配的一个或多个输入要素最相似（或最相异）。

Step1：数据准备。

单击**选择要素**工具，在**噪声监控点**要素类中随意选择若干点，在左侧的内容列表中右键单击**噪声监控点**图层，在弹出菜单中依次单击"*选择→根据所选要素创建图层*"，ArcMap中将自动增加一个图层**噪声监控点 选择**，如图 9.2.9 所示。

Step2：选择**分组分析**工具。

单击图标![icon]，打开工具箱面板，在空间统计工具箱中依次单击"*聚类分布制图→相似搜索*"。

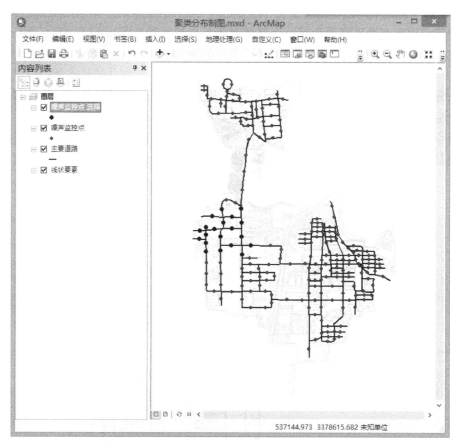

图 9.2.9　相似搜索数据准备

Step3：设置相关参数。

如图 9.2.10 所示，将新创建的**噪声监控点 选择**作为**要进行匹配的输入要素**，将**噪声监控点**作为**候选要素**，将**输出要素**命名为相似搜索进行存储，**最为相似或最不相似**选择 MOST_SIMILAR，**匹配方法**选择 ATTRIBUTE_VALUES，**结果数**设置为 5（用户自定义，输入 0 或一个大于候选要素总数的数字，将返回所有候选要素的等级），**感兴趣属性**选择噪声监控点的属性字段 dB，其他选项保持默认设置，最后单击**确定**按钮进行相似搜索。

相似搜索的结果如图 9.2.11 所示。从内容列表中可以看出，输出的新要素类包含要匹配的输入要素及找到的所有匹配的候选要素，这些要素以相似程度排序，返回的匹配数基于结果数参数的值。

Tips：上述操作过程临时创建了一个新的要素图层作为要进行匹配的输入要素，在实际应用中可根据需要选择合适数据进行相似匹配。

图 9.2.10　设置相似搜索参数

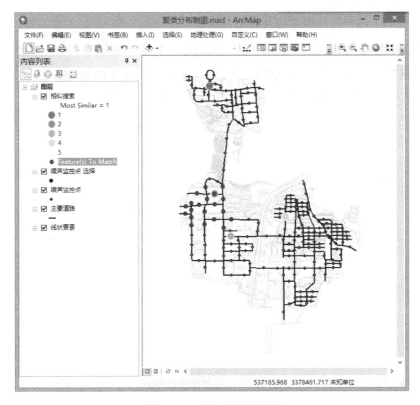

图 9.2.11　相似搜索的结果

第10章　空间分析建模

在实际 GIS 应用中，问题的解决往往并不是 ArcGIS 工具箱中某一个工具就能完成的，一个复杂的 GIS 应用通常涉及多个空间分析功能，若将工作任务分解为一个一个的子任务，然后逐个选择 ArcGIS 工具箱中对应的空间分析工具来完成，这样固然是一种解决办法，但操作过程相对烦琐，且耗时耗力。如果遇到多个相似的工作任务，则需要机械式地重复以上步骤，劳心劳力。ArcGIS 提供的模型构建器（ModelBuilder）正是用于解决以上问题的，本章将通过 ArcGIS 帮助文档提供的例子来示范如何使用模型构建器。

10.1　模型构建器简介

模型构建器是一个用来创建、编辑和管理模型的应用程序，它采用可视化的方式，将一系列地理处理工具串联在一起，形成工作流，它将其中一个工具的输出作为另一个工具的输入，实现多任务批处理。使用模型构建器创建自己的工具，可以集成到 ArcGIS 现有工具箱中，和现有工具一同使用。

ArcGIS 提供了两种打开模型构建器的方法。

1．通过 ArcMap 标准工具条打开

Step1：选择**模型构建器**工具。单击 ArcMap 标准工具条上的模型构建器工具 ，打开如图 10.1.1 所示的模型构建器界面，其中模型构建器画布上尚未添加工具。

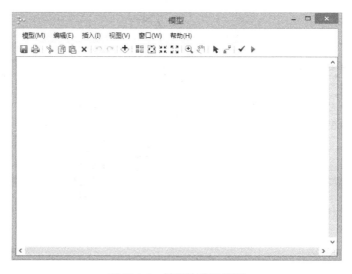

图 10.1.1　模型构建器界面

Step2：保存模型。模型只能保存在工具箱中。依次单击模型构建器上的"*模型→保存*"菜单或工具条上的*保存*图标 ，将模型保存到现有工具箱中。如果没有现有工具箱，则需

要为创建的模型新建一个工具箱。新建工具箱的工作在 ArcCatalog 中完成，具体操作过程参阅 10.4 节和 10.5 节。工具一经创建，可以和其他工具箱内的工具一同使用。

2．通过工具箱打开

在 ArcCatalog 的目录树或 ArcToolbox 窗口中，右键单击某个现有工具箱或工具集，然后依次单击"*新建→模型*"菜单，将在模型构建器中打开要进行编辑的新模型。

要打开一个现有模型，可右键单击该模型，然后单击*编辑*菜单。

10.2　问题提出

如上所述，在工作任务实施过程中，若需利用模型构建器建立模型，首先需要对工作任务进行分解、细化，尽可能让分解后的各子任务直接使用某一个现存工具即可被实现（该过程建立在熟练掌握 ArcGIS 工具箱内各工具的基础上）。例如，统计某区域不同类型的植被受到拟建道路影响的区域及面积，该任务可以分解为以下 3 个子任务来完成。

（1）拟建道路影响范围——**缓冲区**工具实现。

（2）以上与植被数据相交范围——**裁剪**工具实现。

（3）不同类型植被的影响面积计算——**汇总统计数据**工具实现。

10.3　数据准备

本章使用的数据为 ArcGIS 自带的示例数据，默认安装在 ArcGIS 安装目录…\arcGIS\ArcTutor 目录下的 ModelBuilder 文件夹内。本章已将其复制至 E:\Data\10 文件夹下。

打开 Extract Vegetation.mxd 地图文档，可见该数据包括 3 条规划路线数据（PlanA Roads、PlanB Roads、PlanC Roads）和一个植被类型数据（Vegetation Type），在 ArcMap 中已用不同的地图符号进行了表示，如图 10.3.1 所示。

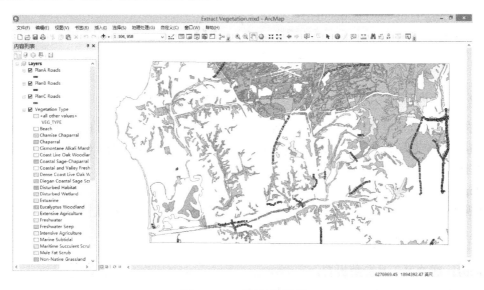

图 10.3.1　示例地图数据

10.4　在模型构建器中执行工具

10.4.1　创建新模型

按照 10.1 节介绍的方法创建一个新模型。

10.4.2　向模型中添加工具和数据

Step1：查找工具。

在工具箱中查找 10.2 节中涉及的 3 个工具：**缓冲区、裁剪、汇总统计数据**，如图 10.4.1 所示，它们分别位于**分析工具**下的**邻域分析、提取分析、统计分析**工具箱内。

Step2：添加工具到模型构建器画布。

将以上 3 个工具拖到模型构建器画布的空白区域中，如图 10.4.2 所示。这样即可将工具和输出数据变量添加到模型中。输出变量将通过连接符连接到工具。工具和输出数据均为空（即没有颜色），这是由于尚未指定任何工具参数。

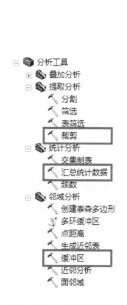

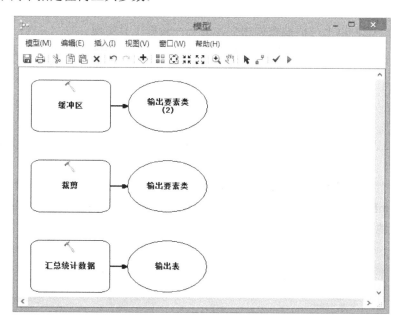

图 10.4.1　查找工具　　　　　　图 10.4.2　添加工具到画布

此外，也可以通过在模型构建器标准工具条上单击添加数据或工具按钮 ✚，然后导航到"*工具箱→系统工具箱→分析工具*"，选择相应工具，再单击**添加按钮**，实现将工具添加到模型构建器画布的空白区域中。

Step3：工具自动布局。

如果几个工具互相压盖，可单击模型构建器工具条上的自动布局按钮 ▮▮ 来排列工具。

10.4.3　工具参数设置

Step1：**缓冲区**工具参数设置。

在模型构建器中，双击**缓冲区**，打开其工具对话框，如 10.4.3 所示。将 PlanA Roads 作为**输入要素**；将**输出要素类**命名为 BufferedARoads 进行存储；将**距离**设置为**字段**，将 PlanA

Roads 要素类的属性 Distance 指定为距离；其他选项保持默认设置。最后单击**确定**按钮，完成缓冲区工具的参数设置。

图 10.4.3　设置缓冲区工具参数

这时可见画布中增加了一个蓝色椭圆，表示输入变量，输入要素类 PlanA Roads 将作为变量添加到模型中并自动连接到缓冲区工具，此时工具自动变为黄色，输出要素类将自动变为绿色，名称由自定义的输出要素类名称指定（示例取名为 BufferedARoads）。输入变量（蓝色椭圆）、工具（黄色矩形）和输出变量（绿色椭圆）的颜色发生了变化，这表明所有参数值均已指定并且工具已准备好运行，如图 10.4.4 所示。

请注意，在工具对话框中单击**确定**按钮并不会在模型构建器中执行工具。数据或工具添加到模型中后便称为模型元素，共有 3 种基本元素：变量（如数据集）、工具和连接符。

Step2：**裁剪**工具参数填入。

在模型构建器中，双击*裁剪*，打开其工具对话框，如 10.4.5 所示。将 Vegetation Type 设置为**输入要素类**；将 Step1 的输出要素类 BufferedARoads 设置为**裁剪要素**（下拉列表中带有蓝色再循环图标🔃，表示此要素类是模型中的变量）；将**输出要素类**命名为 ClippedARoads 进行存储；其他选项保持默认设置（其中，容差用于控制裁剪精度）。最后单击**确定**按钮，完成裁剪工具的参数设置。

这时可见画布中增加了蓝色椭圆输入变量（Vegetation Type），缓冲区工具的输出变量（BufferedARoads）作为输入自动连接（使用连接符）到裁剪工具，裁剪工具自动变为黄色，输出要素类自动变为绿色，名称由自定义的输出要素类名称指定（示例取名为 ClippedARoads）。最后单击模型构建器工具条上的自动布局按钮 ▦ 来重新排列工具，如图 10.4.6 所示。

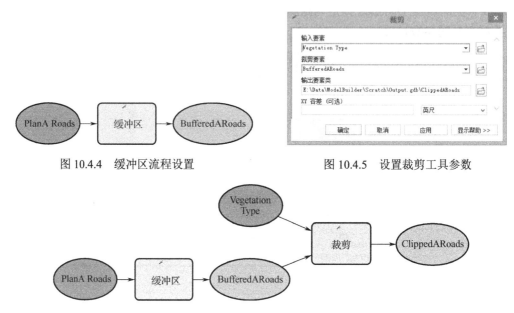

图 10.4.4　缓冲区流程设置　　　　　图 10.4.5　设置裁剪工具参数

图 10.4.6　增加裁剪后的流程设置

Step3：**汇总统计数据**工具参数填入。

在模型构建器中，双击**汇总统计数据**，打开其工具对话框，如 10.4.7 所示。将 ClippedARoads 设置为**输入表**（下拉列表中带有蓝色再循环图标♻，表示此要素类是模型中的变量）；将**输出表**命名为 AffectedVegetation 进行存储；**统计字段**选择 Shape_Area，将会出现在下方单元格中，然后从**统计类型**下拉列表中选择 SUM（总和）；**案例分组字段**选择 VEG_TYPE。最后单击**确定**按钮，完成汇总统计数据的参数设置。

图 10.4.7　设置汇总统计数据工具参数

这时可见画布中裁剪工具的输出变量（ClippedARoads）作为输入自动连接（使用连接符）到汇总统计数据工具，汇总统计数据工具自动变为黄色，输出表将自动变为绿色，名称由自定义的输出表名称指定（示例取名为 AffectedVegetation）。用鼠标拖动调整排列各工具位置，如图 10.4.8 所示。

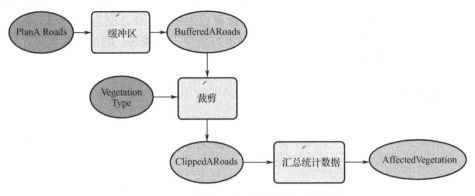

图 10.4.8　增加汇总统计数据后的流程设置

10.4.4　添加到画布显示

右键单击 ClippedARoads 变量，然后选择*添加至显示*选项。右键单击 AffectedVegetation 变量，然后选择*添加至显示*选项。这样即可在模型运行后将输出添加到 ArcMap 中显示。

10.4.5　运行模型

在模型构建器菜单中依次单击"*模型→运行整个模型*"，或者在模型构建器工具条中单击运行按钮▶，模型开始运行，选中了**添加至显示**的输出会添加到 ArcMap 中显示。模型完成运行后，工具（黄色矩形）和输出变量（绿色椭圆）的周围会显示下拉阴影，表示这些工具已经运行过。要移除下拉阴影，可在模型构建器工具条上单击**验证整个模型**按钮✔ 来验证整个模型。

10.4.6　保存模型

模型只能保存在工具箱中，可参阅 10.1 节内容保存该模型。

至此，完成了整个模型的构建与运行，右键单击 AffectedVegetation 表，然后单击*打开*可打开对应的表，表中显示的是对 A 计划中拟建道路的缓冲区面内受植被类型影响的区域的汇总。

若需对 B 计划中拟建道路的缓冲区面内受植被类型影响的区域进行汇总，一方面，可在模型构建器中双击*缓冲区*，按照 10.4.3 节的步骤将 PlanB Roads 作为输入要素类，对应修改相应输出后在运行模型；另一方面，也可以将 ArcMap 内容列表内显示的 PlanB Roads 拖到模型构建器画布中，再单击模型构建器工具条上的**连接**按钮🔗，然后先后单击 PlanB Roads 变量元素、缓冲区工具元素，此时将弹出包含该工具可用的各个参数选项的快捷菜单，从列表中选择输入要素参数。这样，PlanB Roads 变量将连接到缓冲区工具，同时将自动断开之前连接到该工具的 PlanA Roads 变量的连接。模型元素的下拉阴影将消失，这表示尚未使用新添加的变量运行模型。

10.5 使用模型构建器创建工具

10.4 节介绍了模型的构建方法，这种方法里面的各个变量都预先被固定，若在其他多个应用场景中需重复使用该模型，像上述在模型构建器画布中修改输入、输出变量的方法就比较烦琐。本节将介绍如何将这些输入、输出变量设置为参数，使之变为像 ArcToolbox 里面的其他工具一样，运行后只要在弹出的工具对话框内指定一些输入、输出参数即可，无须在每次运行模型时都打开模型构建器。

10.5.1 打开模型

在 ArcCatalog 的目录树中导航到 10.4 节存储的模型上，双击或右键单击该模型后单击*打开*，打开**模型**对话框，但不显示任何参数，如图 10.5.1 所示。

如果单击**确定**按钮以运行此工具，则会运行该模型，即使为输出变量选择了**添加至显示**，模型的输出（ClippedARoads 和 AffectedVegetation）也不会添加到 ArcMap 的内容列表中。其原因是通过模型的工具对话框运行模型时，将会忽略**添加至显示**设置，要将输出添

图 10.5.1　打开已有模型

加至显示，必须将输出变量作为模型参数。

右键单击该模型，然后单击*编辑*，将在模型构建器中打开该模型。

10.5.2 显示工具参数

Step1：**缓冲区**工具参数添加。

右键单击**缓冲区**工具，在弹出菜单中依次单击"*获取变量→从参数→距离 [值或字段]*"，如图 10.5.2 所示。此操作会将**距离**参数作为变量添加到模型中。

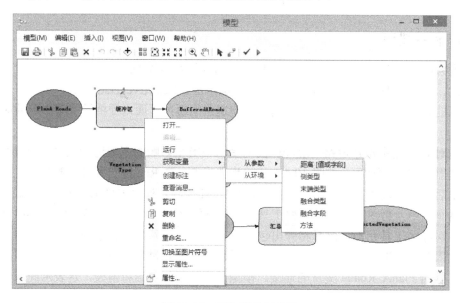

图 10.5.2　添加缓冲区参数

Step2：**裁剪**工具参数添加。

同上，右键单击**裁剪**工具，在弹出菜单中依次单击"*获取变量→从参数→XY 容差*"，此操作将 **XY** **容差**参数作为变量添加到模型中。

Step3：**汇总统计数据**工具参数添加。

同上，右键单击**汇总统计数据**工具，在弹出菜单中依次单击"*获取变量→从参数→统计字段*"，将**统计字段**参数作为变量添加到模型中；再次右键单击**汇总统计数据**工具，在弹出菜单中依次单击"*获取变量→从参数→案例分组字段*"，将**案例分组字段**参数作为变量添加到模型中。

10.5.3 创建模型参数

右键单击**距离 [值或字段]**变量，然后在弹出菜单中选择**模型参数**选项，变量旁边将显示字母 P，表示此变量为模型参数，此模型参数随后也将在模型工具对话框上显示。按照相同的操作将 PlanA Roads、Vegetation Type、XY 容差、ClippedARoads、案例分组字段、统计字段、AffectedVegetation 等变量创建模型参数，如图 10.5.3 所示。

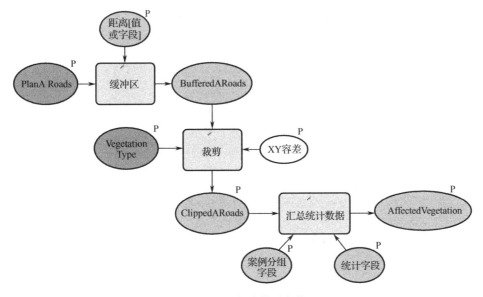

图 10.5.3 创建模型参数

10.5.4 重命名模型元素

模型构建器为变量指定默认名称，这些变量名用于作为模型工具对话框上的参数名称进行显示。将变量重命名为用户容易理解的名称，有利于增强用户体验，尤其是在变量为模型参数时。

右键单击待重命名的变量，在弹出菜单中选择**重命名**选项，在弹出的对话框中输入新名称即可，重命名后如图 10.5.4 所示，最后保存模型。

此时，在 ArcCatalog 的目录树中双击模型即可打开**模型**对话框，如图 10.5.5 所示，**模型**对话框应与该图类似，对话框上的参数顺序可能会有所不同，但这不是问题，接下来将更改此顺序。

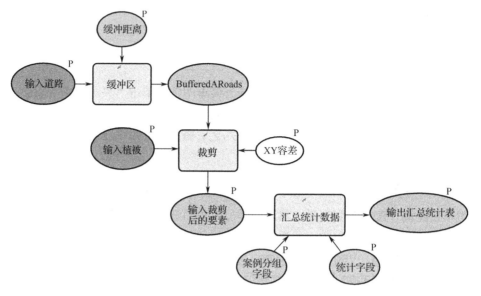

图 10.5.4　模型元素重命名

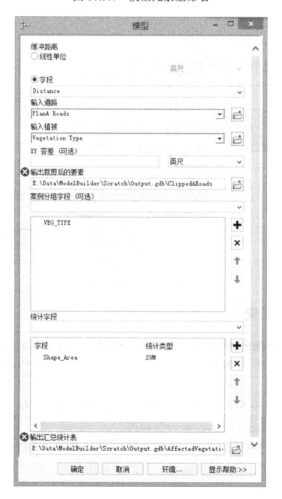

图 10.5.5　模型元素重命名

Tips: 可通过单击**确定**按钮来执行工具，但建议在执行工具前先选择与之前输出要素类名称不同的其他输出要素类。该工具执行后，输出要素类将被添加到 ArcMap 的内容列表中。与在模型构建器内运行模型不同，通过**模型**对话框运行模型并不会改变模型图。

10.5.5　重设模型参数顺序

如图 10.5.5 所示，参数的顺序并不理想。标准做法是按以下顺序排列参数。

（1）必需的输入数据集。

（2）影响工具执行的其他必需的参数。

（3）必需的输出数据集。

（4）可选参数。

Step1：打开模型属性。

在模型构建器中，依次单击主菜单中的"*模型→模型属性*"，或者在 ArcCatalog 目录树中右键单击模型，在弹出菜单中选择*属性*，打开**模型属性**对话框。

Step2：设置**参数**选项卡。

在**模型 属性**对话框中单击**参数**选项卡。选择**输入道路**参数，然后使用右侧的向上箭头和向下箭头按钮将其移动到顶部。

如图 10.5.6 所示，更改其他参数的顺序，再次打开**模型**对话框，调整后的模型参数顺序的效果如图 10.5.7 所示。

图 10.5.6　模型参数顺序重设

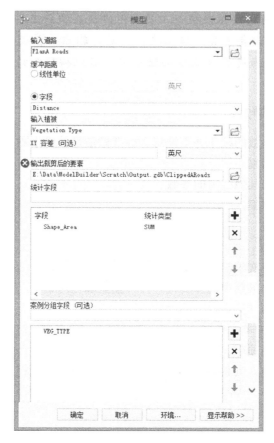

图 10.5.7　调整后的模型参数顺序

10.5.6　设置模型参数类型

按正确顺序设置模型参数后，需要更改参数类型。如果参数是模型中某个工具必需的参数，将无法通过以下设置将类型更改为可选。

在**模型 属性**对话框中的**参数**选项卡内，单击 **XY 容差**的类型类别下方的单元格，将弹出一个包含两个选项的列表，在此示例中，保留 **XY 容差**为可选参数，如图 10.5.8 所示。使用同样的方法将**案例分组字段**设置为可选参数，将其余参数设置为必填参数，如图 10.5.8 所示。

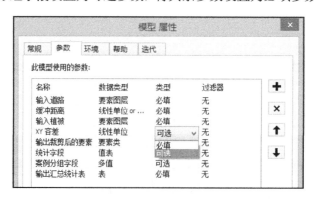

图 10.5.8　设置模型参数类型

10.5.7 对模型参数设置过滤器

通过对参数应用过滤器可限制任何参数的输入类型。此示例中的模型要求"输入道路"参数为线要素。在以下步骤中，将通过应用过滤器来修改该参数，以使其仅接受线要素。

在**模型 属性**对话框中的**参数**选项卡内，单击**输入道路**的过滤器类别下方的单元格，选择**要素类**过滤器，打开**要素类**对话框，取消选中除**折线**外的所有类型，然后单击**确定**按钮完成对输入道路的过滤器设置，并关闭要素类对话框，如图 10.5.9 所示。使用同样的方法将**输入植被**的过滤器选择**面**类型。

图 10.5.9 设置模型参数过滤器

至此，所有参数设置完毕，设置后的参数如图 10.5.10 所示。

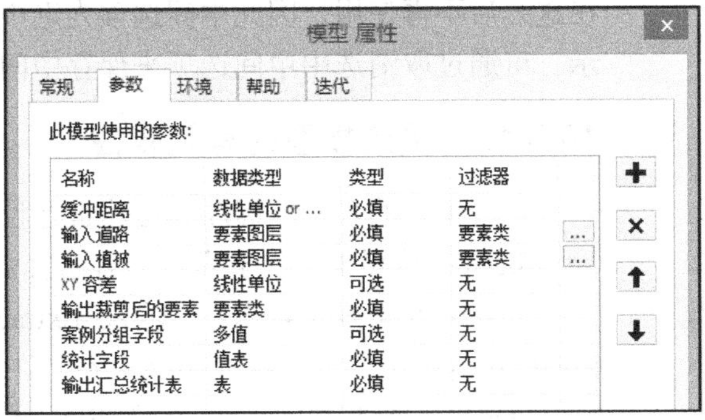

图 10.5.10 所有参数设置完毕

10.5.8 为输出数据设置符号系统

可将模型的输出设置为包含特定的符号系统，以用来显示输出。对于本示例，符号系统基于缓冲区内的植被类型。要为输出数据设置符号系统，第一步是创建图层文件，第二步是在输出数据属性中定义图层文件。本示例中已创建了图层符号系统文件。

Step1：打开输出要素属性。

在模型构建器窗口中，右键单击**输出裁剪后的要素**，然后单击**属性**。

Step2：指定图层符号系统文件。

单击**图层符号系统**选项卡，浏览查找本章数据文件夹下的 ToolData 文件夹中的图层文件 OutputSymbology.lyr，然后单击**添加按钮**完成符号系统文件的加载，如图 10.5.11 所示，最后单击**输出裁剪后的要素 属性**对话框中的**确定按钮**完成要素属性设置。

图 10.5.11　输出图层符号系统指定

10.5.9　管理中间数据

运行模型时，模型中执行的每个过程都会创建输出数据。创建的某些数据在模型运行后

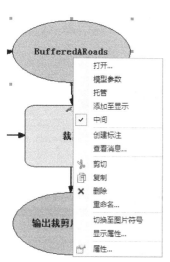

图 10.5.12　中间数据

毫无用处，因为创建这些数据只是为了与创建新输出的另一个过程相连。此类数据称为中间数据。除最终输出外的所有输出或已变为模型参数的输出都将自动成为模型的中间数据。在本示例中，Buffer 工具的输出仅在作为 Clip 工具的输入时才有用，而在这之后不再使用，因此**中间**选项为选中状态，如图 10.5.12 所示。可通过取消选中**中间**选项来保存中间数据。

10.5.10　更改模型的常规属性

可对模型的名称、标注和描述进行设置，步骤如下。

Step1：按照 10.5.5 节介绍的方法打开**模型 属性**对话框。

Step2：在**常规**选项卡中，输入 ExtractVegetationforProposed Roads 作为模型名称。模型名称中不允许包含空格。

Step3：在**标签**文本框中，输入 Extract Vegetation for Proposed Roads。模型标注中允许包含空格。此标注用于在**目录**窗口中显示模型名称。

Step4：在描述文本框中，输入对模型的描述和说明。

Step5：选中存储相对路径名（不是绝对路径名）选项，以便共享模型工具或将模型数据和模型移动到其他位置。本示例中未使用此选项，但此处将其作为一种很好的做法进行介绍，便于在以后共享模型和模型工具时使用。

Step6：单击**模型 属性**对话框的**确定**按钮完成模型常规属性的设置，如图 10.5.13 所示。

在**目录**窗口中双击模型可打开**模型**对话框。由于模型是与预定义的值一起保存的，因此对话框中的所有参数都已填入。可通过在此处输入新值来更改任意一个参数的值。单击**确定**按钮运行模型。在默认情况下，模型的最终输出（ClippedARoads）会添加到显示中，而模型消息将在**结果**窗口（可通过依次单击 ArcMap 主菜单中的"*地理处理→结果*"查看）中显示。图 10.5.14 所示为模型工具运行结果。

至此，使用模型构建器创建一个工具的过程结束，创建好的工具可以像 ArcToolbox 里面的工具一样通过设置各种参数来使用。

图 10.5.13 模型常规属性设置

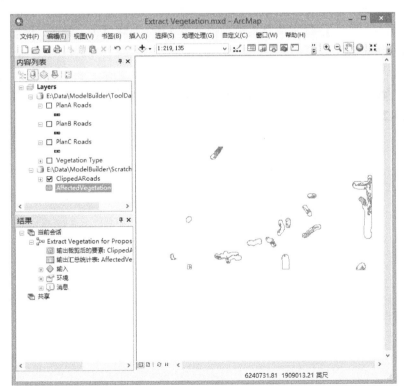

图 10.5.14 模型工具运行结果

参 考 文 献

[1] http://zhihu.esrichina.com.cn/article/2770.

[2] ArcGIS 10.3 帮助文档.

[3] ArcGIS 10.3 白皮书.

[4] 牟乃夏，刘文宝，王海银，等. ArcGIS 10 地理信息系统教程. 北京：测绘出版社，2015.

[5] 郑贵洲，晁怡，等. 地理信息系统分析与应用. 北京：电子工业出版社，2010.

[6] 郑贵洲，胡家赋，晁怡，等. 地理信息系统分析与实践教程. 北京：电子工业出版社，2012.

[7] 汤国安，杨昕. ArcGIS 地理信息系统空间分析实验教程. 北京：科学出版社，2006.

[8] 吴信才，等. 地理信息系统原理与方法. 北京：电子工业出版社，2009.

[9] kang-tsung Chang. 地理信息系统导论（第 7 版）. 陈健飞，等译. 北京：电子工业出版社，2014.

[10] 邢超，李斌，等. ArcGIS 学习指南—ArcToolbox. 北京：科学出版社，2010.

[11] 应立娟，陈毓川，王登红，等. 中国铜矿成矿规律概要. 地质学报，2014，12（88）：2216-2226.

反侵权盗版声明

电子工业出版社依法对本作品享有专有出版权。任何未经权利人书面许可，复制、销售或通过信息网络传播本作品的行为，歪曲、篡改、剽窃本作品的行为，均违反《中华人民共和国著作权法》，其行为人应承担相应的民事责任和行政责任，构成犯罪的，将被依法追究刑事责任。

为了维护市场秩序，保护权利人的合法权益，我社将依法查处和打击侵权盗版的单位和个人。欢迎社会各界人士积极举报侵权盗版行为，本社将奖励举报有功人员，并保证举报人的信息不被泄露。

举报电话：（010）88254396；（010）88258888

传　　真：（010）88254397

E-mail：　dbqq@phei.com.cn

通信地址：北京市海淀区万寿路 173 信箱
　　　　　电子工业出版社总编办公室

邮　　编：100036